建筑材料实验指导

主　编：周亦人
副主编：吴　浪
参　编：杨国喜　雷　斌　杨辅智

东南大学出版社
·南京·

内容简介

全书共 10 章。第 1 章对试验任务、测量与误差、数据统计与分析方法等试验基本知识作了必要介绍。第 2～10 章内容包括钢筋、水泥、骨料、普通混凝土、砂浆、砌筑材料、无机气硬性胶凝材料、建筑装饰材料、建筑防水材料等。每章基本上都附有课后思考题和试验报告样表。

本书适用于高校土木工程、建筑环境与设备等工程专业，并可供从事土木工程设计、施工、监理、科研等相关人员学习参考。

图书在版编目（CIP）数据

建筑材料实验指导 / 周亦人主编. —南京：东南大学出版社，2014.9 （2015.9 重印）
ISBN 978-7-5641-5184-3

Ⅰ.①建…　Ⅱ.①周…　Ⅲ.①建筑材料－材料试验－高等学校－教材　Ⅳ.①TU502

中国版本图书馆 CIP 数据核字（2014）第 205583 号

建筑材料实验指导

出版发行：东南大学出版社
社　　址：南京市四牌楼 2 号　邮编：210096
出 版 人：江建中
责任编辑：史建农　戴坚敏
网　　址：http://www.seupress.com
电子邮箱：press@seupress.com
经　　销：全国各地新华书店
印　　刷：南京京新印刷厂
开　　本：787mm×1092mm　1/16
印　　张：8.5
字　　数：218 千字
版　　次：2014 年 9 月第 1 版
印　　次：2015 年 9 月第 2 次印刷
书　　号：ISBN 978 - 7 - 5641 - 5184 - 3
印　　数：3001—5500 册
定　　价：25.00 元

前　言

　　建筑材料试验是高校土建类专业重要的实践性教学环节,同时材料试验也是分析研究建筑材料学的基本方法。为了进一步强化试验教学环节,满足试验课单独设置学分的教学体系改革和拓宽专业口径的教学要求,课程组依据全国土木工程专业指导委员会制定的专业教学大纲,在多年建筑材料试验教学和研究工作积累的基础上编写本书,在体系和内容安排上力求语言简练、重点突出、内容全面、自成体系。本书作为试验课教材可单独使用,也可与《现代建筑材料科学》理论教材配套使用。

　　全书共十章,按照建筑材料的种类编排章节。由于建筑材料试验是土建类专业较早开设的专业基础试验课,因此,第 1 章先对试验任务、测量与误差、数据统计与分析方法等试验基本知识作了必要介绍。第 2~10 章,分别就钢筋、水泥、骨料、普通混凝土、砂浆、砌筑材料、无机气硬性胶凝材料、建筑装饰材料、建筑防水材料等,主要从材料的性能指标、技术标准、试验设备及技术指标要求、试件制备、试验步骤、结果计算与分析等方面的内容进行介绍。为使参加试验的每个学生对试验教学过程中出现和发现的问题能够深入思考,指导教师能够客观、全面地评价学生的试验成绩,每章基本上都附有课后思考题和试验报告样表。

　　本书由周亦人任主编,吴浪任副主编,参加编写的还有杨国喜、雷斌、杨辅智等课程组成员。在编写过程中得到了南昌大学建筑工程学院龚良贵教授的大力帮助,提出了许多宝贵意见,在此表示衷心感谢。由于我们的水平有限,书中疏漏与不妥之处在所难免,敬请广大师生、读者批评指正。

编　者

2014 年 8 月

目　录

1 试验基本知识

1.1 试验任务与试验过程

材料是土木工程的物质基础,并在一定程度上决定建筑与结构的形式以及工程施工方法。新型建筑材料的研发与运用,将促使工程结构设计方法和施工技术不断变化与革新,同时新颖的建筑与形式又不断向工程材料提出更高的性能要求。建筑师总是把精美的建筑艺术与科学合理地选用工程材料融合起来;结构工程师也只有在很好地了解工程材料的技术性能之后,才能根据工程力学原理准确计算并确定建筑构件的尺寸,从而创造先进的结构形式。

建筑材料是实践性很强的学科,材料试验是建筑材料科学的重要组成部分,同时也是学习和研究建筑材料的重要方法。建筑材料基本理论的建立及其技术性能的开发与应用,都是在科学试验基础上逐步发展和完善起来的,我们也将看到,建筑材料的科学试验将进一步推动土木工程学科的发展。

1.1.1 试验目的

(1) 巩固、拓展建筑材料基本理论知识,丰富、提高专业素质。
(2) 掌握常用仪器设备的工作原理和操作技能,培养工程技术和科学研究的基本能力。
(3) 了解建筑材料及其相应试验规范,掌握常用建筑材料的试验方法。
(4) 培养严谨求实的科学态度,提高分析与解决实际问题的能力。

1.1.2 试验任务

(1) 分析、鉴定建筑原材料的质量。
(2) 检验、检查材料成品及半成品的质量。
(3) 验证、探究建筑材料的技术性质。
(4) 统计分析试验资料,独立完成试验报告。

1.1.3　试验过程

试验过程是试验者进行试验的工作程序,建筑材料的每个试验都应包括以下过程。

1) 试验准备

认真、充分的试验准备工作是保证试验顺利进行并取得满意结果的前提和条件,试验准备工作的内容包括以下两个方面:

(1) 理论知识的准备。每个试验都是在相关理论知识指导下进行的,试验前,只有充分了解本试验的理论依据和试验条件,才能有目的、有步骤地进行试验,否则,将会陷入盲目。

(2) 仪器设备的准备。试验前应了解所用仪器设备的工作原理、工作条件和操作规程等内容,以便使整个试验过程能够按照预先设计的试验方案顺利、快捷、安全地进行。

2) 取样与试件准备

进行试验要有试验对象,对试验对象的选取称为取样。试验时不可能把全部材料都拿来进行测试,实际上也没有必要,往往是选取其中的一部分。因此,取样要有代表性,使其能够反映整批材料的质量性能,起到"以点代面"的作用。试验取样完成后,对有些试验对象的测试项目可以直接进行试验操作,并进行结果评定。然而在大多数情况下,还必须对试验对象进行试验前处理,制作成符合一定标准的试件,以获得具有可比性的试验结果。

3) 试验操作

试验操作是试验过程中的重要环节,在充分做好试验准备工作以后方可进行试验操作。试验过程的每一步操作都应采用标准的试验方法,以使测得的实验结果具有可比性,因为不同的试验方法往往会得出不同的试验结果。试验操作环节是整个试验过程的中心内容,应规范操作,仔细观察,详细记录。

4) 结果分析与评定

试验数据的分析与整理是产生试验成果的最后一个环节,应根据统计分析理论,实事求是地对所测数据进行科学归纳和整理,同时结合相关标准规范,以试验报告的形式给定试验结论,并做出必要的理论解释和原因分析。

1.2　试验数据统计分析方法

试验中所测得的原始数据并不是最终结果,只有将其统计归纳、分析整理,找出其内在的本质联系,才是试验的目的所在。本节主要介绍试验数据统计分析的基本方法。

1.2.1　测量与误差

测量是从客观事物中获取有关信息的认识过程,其目的是在一定条件下获得被测量的真值。尽管被测量的真值客观存在,但由于试验时所进行的测量工作都是依据一定的理论与方法,使用一定的仪器与工具,并在一定条件下由一定的人进行的,而试验理论的近似性、仪器灵敏度与分辨能力的局限性以及试验环境不稳定性等因素的影响,使得被测量的真值很难求得,测量结果和被测量真值之间总会存在或多或少的偏差,由此而产生误差就必然存在,这种偏差叫做测量值的误差。设测量值为 x,真值为 A,则误差为:

$$\varepsilon = |X - A| \tag{1-1}$$

测量所得到的一切数据都含有一定量的误差,没有误差的测量结果是不存在的。既然误差一定存在,那么测量的任务即是设法将测量值中的误差减至最小,或在特定的条件下,求出被测量的最近真值,并估计最近真值的可靠度。按照对测量值影响性质的不同,误差可分为系统误差、偶然误差和粗大误差,此三类误差在试验时测得的数据中常混杂在一起出现。

1)系统误差

在指定测量条件下,多次测量同一量时,若测量误差的绝对值和符号总是保持恒定,测量结果始终朝一个方向偏离或者按某一确定的规律变化,这种测量误差称为系统误差或恒定误差。例如在使用天平称量某一物体的质量时,由于砝码的标准质量不准及空气浮力影响引起的误差,在多次反复测量时恒定不变,这些误差就属于系统误差。系统误差的产生与下列因素有关:

(1)仪器设备系统本身的问题,如温度计、滴定管的精确度有限,天平砝码不准等。

(2)使用仪器时的环境因素,如温度、湿度、气压的逐时变化等。

(3)测量方法的影响与限制,如试验时对测量方法选择不当,相关作用因素在测量结果表达式中没有得到反映,或者所用公式不够严密以及公式中系数的近似性等,从而产生方法误差。

(4)测量者个人习惯性误差,如有的人在测量读数时眼睛位置总是偏高或偏低,记录某一信号的时间总是滞后等。

由于系统误差是恒差,因此,采用增加测量次数的方法不能消除系统误差。通常可采用多种不同的试验技术或不同的试验方法,以判定有无系统误差存在。在确定系统误差的性质之后,应设法消除或使之减少,从而提高测量的准确度。

2)偶然误差

偶然误差也叫随机误差。在同一条件下多次测量同一量时,测得的值总是有稍许差异并变化不定,且在消除系统误差之后依然如此,这种绝对值和符号经常变化的误差称为偶然误差。偶然误差产生的原因较为复杂,影响的因素很多,难以确定某个因素产生具体影响的程度,因此偶然误差难以找出确切原因并加以排除。试验表明,大量次数测量所得到的一系列数据的偶然误差遵从一定的统计规律。

(1)绝对值相等的正、负误差出现机会相同,绝对值小的误差比绝对值大的误差出现的机会多。

(2)误差不会超出一定的范围,偶然误差的算术平均值随着测量次数的无限增加而趋向于零。

试验还表明,在确定的测量条件下,对同一量进行多次测量,用算术平均值作为该量的测量结果,能够比较好地减少偶然误差。

设：某量的 n 次测量值为 x_1、x_2、$\cdots$、x_n，其误差依次为 ε_1、ε_2、ε_3、$\cdots$、ε_n，真值为 A，则：

$$(x_1 - A) + (x_2 - A) + (x_3 - A) + \cdots + (x_n - A) = \varepsilon_1 + \varepsilon_2 + \varepsilon_3 + \cdots + \varepsilon_n$$

将上式展开整理得：

$$\frac{1}{n}\left[(x_1 + x_2 + x_3 + \cdots + x_n) - nA\right] = \frac{1}{n}(\varepsilon_1 + \varepsilon_2 + \varepsilon_3 + \cdots + \varepsilon_n) \tag{1-2}$$

此式表示平均值的误差等于各测量值误差的平均。由于测量值的误差有正有负，相加后可抵消一部分，而且 n 越大相抵消的机会越多。因此，在确定的测量条件下，减少测量偶然误差的办法是增加测量次数。在消除系统误差之后，算术平均值的误差随测量次数的增加而减少，平均值即趋于真值，因此，可取算术平均值作为直接测量的最近真值。

测量次数的增加对提高平均值的可靠性是有利的，但并不是测量次数越多越好。因为增加次数必定延长测量时间，这将给保持稳定的测量条件增加困难，同时延长测量时间也会给观测者带来疲劳，这又可能引起较大的观测误差。另外，增加测量次数只能对降低偶然误差有利而与系统误差减小无关，所以实际测量次数不必过多，一般取 4～10 次即可。

3）粗大误差

凡是在测量时用客观条件不能解释为合理的那些突出的误差称为粗大误差，粗大误差也叫过失误差。粗大误差是观测者在观测、记录和整理数据过程中，由于缺乏经验、粗心大意、时久疲劳等原因引起的。初次进行试验的学生，在试验过程中常常会产生粗大误差，学生应在教师的指导下不断总结经验，提高试验素质，努力避免粗大误差的出现。

误差的产生原因不同，种类各异，其评定标准也有区别。为了评判测量结果的好坏，我们引入测量的精密度、准确度和精确度等概念。精密度、准确度和精确度都是评价测量结果好坏与否的，但各词含义不同，使用时应加以区别。测量的精密度高，是指测量数据比较集中，偶然误差较小，但系统误差的大小不明确。测量的准确度高，是指测量数据的平均值偏离真值较少，测量结果的系统误差较小，但数据分散的情况即偶然误差的大小不明确。测量的精确度高，是指测量数据比较集中在真值附近，即测量的系统误差和偶然误差都比较小，精确度是对测量的偶然误差与系统误差的综合评价。

1.2.2 数据统计特征值

1）算术平均值

算术平均值是最基本的数据统计分析概念，在数据分析中经常用到，用来说明试验时测得一批数据的平均水平和度量这些数据的中间位置。算术平均值用下式表示：

$$\overline{X} = \frac{x_1 + x_2 + \cdots + x_n}{n} = \frac{\sum_{i=1}^{n} x_i}{n} \tag{1-3}$$

式中：$\overline{X}$——算术平均值；

$x_1, x_2, \cdots, x_n$——各试验数据值；

n——试验数据个数。

2）加权平均值

加权平均值表征法也是比较常用的一种方法，它是考虑了测量值与其所占权重因素的评价方法。加权平均值用下式表示：

$$m = \frac{x_1 g_1 + x_2 g_2 + \cdots + x_n g_n}{g_1 + g_2 + \cdots + g_n} = \frac{\sum\limits_{i=1}^{n} x_i g_i}{\sum\limits_{i=1}^{n} g_i} \qquad (1-4)$$

式中：m——加权平均值；

$x_1, x_2, \cdots, x_n$——各试验数据值；

$g_1, g_2, \cdots, g_n$——各试验数据值的对应权数；

n——试验数据个数。

1.2.3 误差计算与数据处理

1）范围误差（极差）

在实际测量中，正常的合乎道理的误差不是漫无边际，而是具有一定的范围。试验数据中最大值与最小值之差称为范围误差或极差，它表示数据离散的范围，可以来度量数据的离散性。

$$w = x_{max} - x_{min} \qquad (1-5)$$

式中：w——范围误差（极差）；

x_{max}——试验数据最大值；

x_{min}——试验数据最小值。

2）算术平均误差

算术平均误差可反映多次测量产生误差的整体平均情况，计算公式为：

$$\begin{aligned}
\delta &= \frac{|\varepsilon_1| + |\varepsilon_2| + \cdots + |\varepsilon_n|}{n} \\
&= \frac{|x_1 - A| + |x_2 - A| + \cdots + |x_n - A|}{n} \\
&= \frac{|x_1 - \overline{X}| + |x_2 - \overline{X}| + \cdots + |x_n - \overline{X}|}{n} \\
&= \frac{\sum\limits_{i=1}^{n} |x_i - \overline{X}|}{n}
\end{aligned} \qquad (1-6)$$

式中：δ——算术平均误差；

$x_1, x_2, \cdots, x_n$——各试验数据值；

$\varepsilon_1, \varepsilon_2, \cdots, \varepsilon_n$——各试验数据测量误差；

A——被测量最近真值;

$\overline{X}$——试验数据值的算术平均值;

n——试验数据个数。

3) 标准差(均方根差)

在测量结果的评定中,只知道产生误差的平均水平是不够的,还必须了解数据的波动情况及其带来的危险性。标准差(均方根差)则是衡量数据波动性(离散性大小)的指标,计算公式为:

$$\sigma = \sqrt{\frac{\varepsilon_1^2 + \varepsilon_2^2 + \cdots + \varepsilon_n^2}{n}}$$

$$= \sqrt{\frac{(x_1 - \overline{X})^2 + (x_2 - \overline{X})^2 + \cdots + (x_n - \overline{X})^2}{n-1}}$$

$$= \sqrt{\frac{\sum_{i=1}^{n}(x_i - \overline{X})^2}{n-1}} \tag{1-7}$$

式中:σ——标准差(均方根差);

$x_1, x_2, \cdots, x_n$——各试验数据值;

$\varepsilon_1, \varepsilon_2, \cdots, \varepsilon_n$——各试验数据测量误差;

$\overline{X}$——试验数据值的算术平均值;

n——试验数据个数。

4) 极差估计法确定标准差

利用极差估计法确定标准差的主要优点是计算方便,但反映实际情况的精确度较差。

(1)当数据不多时($n \leqslant 10$),利用极差法估计标准差的计算式为:

$$\sigma = \frac{1}{d_n}w \tag{1-8}$$

(2)当数据很多时($n > 10$),先将数据随机分成若干个数量相等的组,然后对每组求极差,并计算极差平均值 $\overline{w} = \dfrac{\sum_{i=1}^{n} w_i}{m}$,此时标准差的估计值近似用下式计算:

$$\sigma = \frac{1}{d_n}\overline{w} \tag{1-9}$$

式中:σ——标准差的估计值;

d_n——与 n 有关的系数,见表 1-1;

w、$\overline{w}$——极差及各组极差平均值;

m——数据分组的组数;

n——每一组内数据拥有的个数。

表 1-1 极差估计法系数表

n	1	2	3	4	5	6	7	8	9	10
d_n	—	1.128	1.693	2.059	2.326	2.543	2.704	2.847	2.970	3.078
$1/d_n$	—	0.886	0.591	0.486	0.429	0.395	0.369	0.351	0.337	0.325

5）变异系数

由于标准差是表征数据绝对波动大小的指标，当被测量的量值较大时，绝对误差一般较大；当被测量的量值较小时，绝对误差一般较小。因此要考虑相对波动的大小，应以标准差与试验数据算术平均值之比的百分率来表示标准差，即变异系数。变异系数计算式为：

$$C_v = \frac{\sigma}{\overline{X}} \times 100\%$$ (1-10)

式中：C_v——变异系数；

σ——标准差；

$\overline{X}$——试验数据的算术平均值。

变异系数与标准差相比，具有独特的工程意义，可表达出标准差所表示不出来的数据波动情况。例如，甲、乙两厂均生产 32.5 级矿渣水泥，甲厂某月生产水泥的平均强度为 39.84 MPa，标准差为 1.68 MPa；同月乙厂生产的水泥平均强度为 36.2 MPa，标准差为 1.62 MPa。试比较两厂的变异系数。

甲厂的变异系数：$C_{v甲} = \frac{\sigma_甲}{\overline{X}_甲} \times 100\% = \frac{1.68}{39.8} \times 100\% = 4.22\%$

乙厂的变异系数：$C_{v乙} = \frac{\sigma_乙}{\overline{X}_乙} \times 100\% = \frac{1.62}{36.2} \times 100\% = 4.48\%$

根据以上计算，如果单从标准差指标上看，甲厂大于乙厂，说明甲厂生产水泥质量的绝对波动性大于乙厂。但从变异系数指标上看，则乙厂大于甲厂，说明乙厂生产的水泥强度相对波动性要比甲厂大，产品的稳定性较差。

6）正态分布和概率

为了弄清数据波动更为完整的规律，应找出频数分布情况，画出频数分布直方图。数据波动的规律不同，曲线的形状则不同。当分组较细时，直方图的形状便逐渐趋于一条曲线。在实际数据分析处理中，按正态分布曲线的情况很多，用得也最广。正态分布曲线由概率密度函数给出：

$$\varphi(x) = \frac{1}{\sqrt{2\pi}\sigma} e^{-\frac{(x-\mu)^2}{2\sigma^2}}$$ (1-11)

式中：x——试验数据值；

μ——曲线最高点横坐标，正态分布的均值；

σ——正态分布的标准差，其大小表示曲线的"胖瘦"程度，σ 越大，曲线越胖，数据越分散，反之，表示数据越集中，见图 1-1。

当已知均值 μ 和标准差 σ 时，就可以画出正态分布曲线。数据值落入任意区间 (a,b) 的概率 $P(a<x<b)$ 是明确的，其值等于 $X_1=a$、$X_2=b$ 时横坐标和曲线 $\varphi(x)$ 所夹的面积（图中阴影面积），可用下式求出：

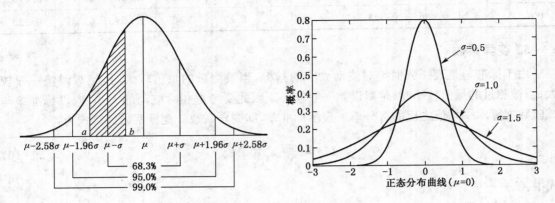

图 1-1　正态分布示意图

$$P(a<x<b) = \frac{1}{\sqrt{2\pi}\sigma} \int_a^b e^{-\frac{(x-\mu)^2}{2\sigma^2}} dx \tag{1-12}$$

落在 $(\mu-\sigma, \mu+\sigma)$ 的概率是 68.3%；

落在 $(\mu-2\sigma, \mu+2\sigma)$ 的概率是 95.4%；

落在 $(\mu-3\sigma, \mu+3\sigma)$ 的概率是 99.7%。

在工程实际中，概率的分布问题经常用到，例如，要了解一批混凝土的强度低于设计要求强度的概率大小，就可用概率分布函数求得。

$$F(x_0) = \int_{-\infty}^{x_0} \varphi(x) dx = \frac{1}{\sqrt{2\pi}\sigma} \int_{-\infty}^{x_0} e^{-\frac{(x-\mu)^2}{2\sigma^2}} dx \tag{1-13}$$

令：$t = \dfrac{x-\mu}{\sigma}$，则：$\varphi(t) = \dfrac{1}{\sqrt{2\pi}} e^{-\frac{t^2}{2}}$

$$F(t) = \frac{1}{\sqrt{2\pi}} \int_{-\infty}^{t} e^{-\frac{t^2}{2}} dt \tag{1-14}$$

根据上述条件，编制概率计算表（表 1-2），可方便计算。

表 1-2　标准正态分布表

t	0.00	0.01	0.02	0.03	0.04	0.05	0.06	0.07	0.08	0.09
0.0	0.500 0	0.504 0	0.508 0	0.512 0	0.516 0	0.519 9	0.523 9	0.527 9	0.531 9	0.535 9
0.1	0.539 8	0.543 8	0.547 8	0.551 7	0.555 7	0.559 6	0.563 6	0.567 5	0.571 4	0.575 3
0.2	0.579 3	0.583 2	0.587 1	0.591 0	0.594 8	0.598 7	0.602 6	0.606 4	0.610 3	0.614 1
0.3	0.617 9	0.621 7	0.625 5	0.629 3	0.633 1	0.636 8	0.640 4	0.644 3	0.648 0	0.651 7
0.4	0.655 4	0.659 1	0.662 8	0.666 4	0.670 0	0.673 6	0.677 2	0.680 8	0.684 4	0.687 9

续表 1-2

t	0.00	0.01	0.02	0.03	0.04	0.05	0.06	0.07	0.08	0.09
0.5	0.691 5	0.695 0	0.698 5	0.701 9	0.705 4	0.708 8	0.712 3	0.715 7	0.719 0	0.722 4
0.6	0.725 7	0.729 1	0.732 4	0.735 7	0.738 9	0.742 2	0.745 4	0.748 6	0.751 7	0.754 9
0.7	0.758 0	0.761 1	0.764 2	0.767 3	0.770 3	0.773 4	0.776 4	0.779 4	0.782 3	0.785 2
0.8	0.788 1	0.791 0	0.793 9	0.796 7	0.799 5	0.802 3	0.805 1	0.807 8	0.810 6	0.813 3
0.9	0.815 9	0.818 6	0.821 2	0.823 8	0.826 4	0.828 9	0.835 5	0.834 0	0.836 5	0.838 9
1.0	0.841 3	0.843 8	0.846 1	0.848 5	0.850 8	0.853 1	0.855 4	0.857 7	0.859 9	0.862 1
1.1	0.864 3	0.866 5	0.868 6	0.870 8	0.872 9	0.874 9	0.877 0	0.879 0	0.881 0	0.883 0
1.2	0.884 9	0.886 9	0.888 8	0.890 7	0.892 5	0.894 4	0.896 2	0.898 0	0.899 7	0.901 5
1.3	0.903 2	0.904 9	0.906 6	0.908 2	0.909 9	0.911 5	0.913 1	0.914 7	0.916 2	0.917 7
1.4	0.919 2	0.920 7	0.922 2	0.923 6	0.925 1	0.926 5	0.927 9	0.929 2	0.930 6	0.931 9
1.5	0.933 2	0.934 5	0.935 7	0.937 0	0.938 2	0.939 4	0.940 6	0.941 8	0.943 0	0.944 1
1.6	0.945 2	0.946 3	0.947 4	0.948 4	0.949 5	0.950 5	0.951 5	0.952 5	0.953 5	0.953 5
1.7	0.955 4	0.956 4	0.957 3	0.958 2	0.959 1	0.959 9	0.960 8	0.961 6	0.962 5	0.963 3
1.8	0.964 1	0.964 8	0.965 6	0.966 4	0.967 2	0.967 8	0.968 6	0.969 3	0.970 0	0.970 6
1.9	0.971 3	0.971 9	0.972 6	0.973 2	0.973 8	0.974 4	0.975 0	0.975 6	0.976 2	0.976 7
2.0	0.977 2	0.977 8	0.978 3	0.978 8	0.979 3	0.979 8	0.980 3	0.980 8	0.981 2	0.981 7
2.1	0.982 1	0.982 6	0.983 0	0.983 4	0.983 8	0.984 2	0.984 6	0.985 0	0.985 4	0.985 7
2.2	0.986 1	0.986 4	0.986 8	0.987 1	0.987 4	0.987 8	0.988 1	0.988 4	0.988 7	0.989 0
2.3	0.989 3	0.989 6	0.989 8	0.990 1	0.990 4	0.990 6	0.990 9	0.991 1	0.991 3	0.991 6
2.4	0.991 8	0.992 0	0.992 2	0.992 5	0.992 7	0.992 9	0.993 1	0.993 2	0.993 4	0.993 6
2.5	0.993 8	0.994 0	0.994 1	0.994 3	0.994 5	0.994 6	0.994 8	0.994 9	0.995 1	0.995 2
2.6	0.995 3	0.995 5	0.995 6	0.995 7	0.995 9	0.996 0	0.996 1	0.996 2	0.996 3	0.996 4
2.7	0.996 5	0.996 6	0.996 7	0.996 8	0.996 9	0.997 0	0.997 1	0.997 2	0.997 3	0.997 4
2.8	0.997 4	0.997 5	0.997 6	0.997 7	0.997 7	0.997 8	0.997 9	0.997 9	0.998 0	0.998 1
2.9	0.998 1	0.998 2	0.998 2	0.998 3	0.998 4	0.998 4	0.998 5	0.998 5	0.998 6	0.998 6
t	0.0	0.1	0.2	0.3	0.4	0.5	0.6	0.7	0.8	0.9
3	0.998 7	0.999 0	0.999 3	0.999 5	0.999 7	0.999 8	0.999 8	0.999 9	0.999 9	1.000 0

7）可疑数据的取舍

在一定条件完成相同的重复试验中,当发现有某个过大或过小的可疑数据时,应按数理统计方法给以鉴别并决定取舍,常用的方法有三倍标准差法和格拉布斯法。

（1）三倍标准差法

三倍标准差法是美国混凝土标准(ACT214—65)所采用的方法,它的准则是:

$$|x_i - \overline{X}| > 3\sigma \tag{1-15}$$

式中：x_i——任意试验数据值；

$\overline{X}$——试验数据算术平均值；

σ——标准差。

另外规定，当 $|x - \overline{X}| > 2\sigma$ 时，数据保留，但需存疑。如发现试验过程中有可疑的变异时，该数据应予舍弃。

（2）格拉布斯法

三倍标准差法虽然比较简单，但需在已知标准差的条件下才能使用。格拉布斯方法则是在不知道标准差情况下对可疑数字的取舍方法，格拉布斯方法使用步骤如下：

① 把试验所得数据从小到大依次排列：$x_1, x_2, \cdots, x_n$。

② 选定显著性水平 α（一般 $\alpha = 0.05$），并根据 n 及 α，从表1-3中求得 T 值。

③ 计算统计量 T 值：

$$T = \frac{\overline{X} - x_1}{\sigma} \text{（当 } x_1 \text{ 可疑时）} \tag{1-16}$$

$$T = \frac{x_n - \overline{X}}{\sigma} \text{（当最大值 } x_n \text{ 可疑）} \tag{1-17}$$

式中：$\overline{X}$——数据算术平均值；

x——测量值；

n——试件个数；

σ——标准差。

④ 查表1-3，得相应于 n 与 a 的 $T(n,a)$ 值。当计算的统计量 $T \geqslant T(n,a)$ 时，则假设的可疑数据是对的，应予舍弃；当 $T < T(n,a)$ 时，则不能舍弃。

表1-3　n、a 和 T 值的关系表

a	当 n 为下列数值时的 T 值							
	3	4	5	6	7	8	9	10
5.0%	1.15	1.46	1.67	1.82	1.94	2.03	2.11	2.18
2.5%	1.15	1.48	1.71	1.89	2.02	2.13	2.21	2.29
1.0%	1.15	1.49	1.75	1.94	2.10	2.22	2.32	2.41

在以上两种方法中，三倍标准差法相对简单，几乎绝大部分数据可不舍弃；格拉布斯方法适用于标准差不清楚的情况，适用面较宽，但使用较复杂。

8）有效数字与数字修约

对试验测得的数据不但要翔实记录，而且还要进行各种运算，哪些数字是有效数字，需要记录哪些数据，对运算后的数字如何取舍，都应当遵循一定的规则。

一般来讲，仪器设备显示的数字均为有效数字，均应读出并记录，包括最后一位的估计读

数。对分度式仪表,读数一般要读到最小分度的十分之一。例如,用一最小分度为毫米的直尺,测得某一试件的长度为 76.2 mm,其中"7"和"6"是准确读出来的,最后一位"2"是估读的,由于尺子本身将在这一位出现误差,所以数字"2"存在一定的可疑成分,也就是说实际上这一位可能不是"2"。虽然"2"不是十分准确,但是此时的"2"还是能够近似地反映出这一位大小的信息,应算为有效数字。

当仪器设备上显示的最后一位数是"0",此"0"也是有效数字,也要读出并记录。例如,用一分度为毫米的尺子测得某一试件的长度为 5.60 cm,它表示试件的末端恰好与尺子的分度线"6"对齐,下一位是"0",如果记录时写成 5.6 cm,则不能肯定这一实际情况,所以此"0"是有效数字,必须记录。另外,在记录数据时,由于选择的单位不同,也会出现"0"。例如,5.60 cm 也可记为 0.056 0 m 或 56 000 μm,这些由于单位变换而出现的"0",没有反映出被测量大小的信息,不能认为是有效数字。

对于运算后的有效数字,应以误差理论作为决定有效数字的基本依据。加减运算后小数点后有效数字的位数,可估计为同参加加减运算各数中小数点后最少的相同;乘除运算后有效数字位数,可估计为同参加运算各数中有效数字最少的相同。关于数字修约问题,《标准化工作导则》有具体规定:

(1) 在拟舍弃的数字中,保留数后边(右边)第一位数小于5(不包括5)时,则舍去,保留数的末位数字不变。例如将 14.243 2 修约到保留一位小数,修约后为 14.2。

(2) 在拟舍弃的数字中,保留数后边(右边)第一个数字大于5(不包括5)时,则进1,保留数的末位数字加1。例如将 26.484 3 修约到保留一位小数,修约后为 26.5。

(3) 在拟舍弃的数字中保留数后边(右边)第一位数字等于5,且5后边的数字并非全部为零时,则进1,即保留数末位数字加1。例如将 1.050 1 修约到保留小数一位,修约后为 1.1。

(4) 在拟舍弃的数字中,保留数后边(右边)第一位数字等于5,且5后边的数字全部为零时,保留数的末位数字为奇数时则进1;若保留数的末位数字为偶数(包括0时)时,则不进。例如将下列数字修约到保留一位小数。修约前 0.350 0,修约后 0.4;修约前 0.450 0,修约后 0.4;修约前 1.050 0,修约后 1.0。

(5) 拟舍弃的数字,若为两位以上的数字,不得连续进行多次(包括二次)修约,应根据保留数后边(右边)第一位数字的大小,按上述规定一次修约出结果。例如将 15.454 6 修约成整数,正确的修约是修约前 15.454 6,修约后 15;不正确的修约是修约前、一次修约、二次修约、三次修约、四次修约为 15.454 6、15.455、15.46、15.5、16。

课后思考题

1. 为什么算术平均值近似作为测量的真值?

2. 根据误差产生的原因,误差可以分为哪几类?

3. 精密度、准确度和精确度各有何含义?

4. 算术平均值误差、标准差和变异系数分别反映测量数据的何种情况?

5. 可疑数据的取舍有几种方法?

6. 掌握有效数字对实验结果分析和整理有何意义?

2 钢 筋 试 验

2.1 钢筋的取样方法

2.1.1 试验依据

《钢及钢产品 力学性能试验取样位置及试样制备》(GB/T 2975—1998)、《金属材料 拉伸试验 第1部分:室温试验方法》(GB/T 228.1—2010)、《金属材料 弯曲试验方法》(GB/T 232—2010)、《钢筋混凝土用钢 第1部分:热轧光圆钢筋》(GB 1499.1—2008)、《钢筋混凝土用钢 第2部分:热轧带肋钢筋》(GB 1499.2—2007)等。

2.1.2 检验批的规定

钢筋应按批进行检查和验收,检验批的规定如下:

(1)热轧光圆钢筋、热轧带肋钢筋、余热处理钢筋每批由同一牌号、同一炉罐号、同一规格的钢筋组成。每批重量通常不超过60 t。超过60 t的部分,每增加40 t(或不足40 t的余数),增加一个拉伸试样和一个弯曲试样。

(2)低碳钢热轧圆盘条、优质碳素钢热轧盘条每批由同一炉号、同一牌号、同一尺寸的盘条组成。

(3)冷轧带肋钢筋每批应由同一牌号、同一外形、同一规格、同一生产工艺和同一交货状态的钢筋组成,每批不大于60 t。

2.1.3 钢筋取样方法

钢筋取样时,应从每批钢筋中抽取抽样产品,然后按规范规定的取样方法截取试样。每批钢筋的检验项目(此处仅列拉伸和弯曲两项)、取样方法和取样数量见表2-1。

表 2-1 钢筋的检验项目、取样方法和取样数量

钢筋种类	检验项目	取样数量	取样方法	试验方法
低碳钢热轧圆盘条	拉伸	每批 1 个	GB/T 2975—2008	GB/T 228.1—2010 GB/T 232—2010
低碳钢热轧圆盘条	弯曲	每批 2 个	不同根盘条、GB/T 2975—2008	
优质碳素钢热轧盘条	拉伸	每批 2 个	不同根盘条、GB/T 2975—2008	
优质碳素钢热轧盘条	弯曲	每批 1 个	GB/T 2975—2008	
热轧光圆钢筋	拉伸	每批 2 个	任选两根钢筋切取	
热轧光圆钢筋	弯曲	每批 2 个	任选两根钢筋切取	
热轧带肋钢筋	拉伸	每批 2 个	任选两根钢筋切取	
热轧带肋钢筋	弯曲	每批 2 个	任选两根钢筋切取	
冷轧带肋钢筋	拉伸	每盘 1 个	在每盘中随机切取	
冷轧带肋钢筋	弯曲	每批 2 个	在任一盘中随机切取	

2.2 钢筋拉伸试验

2.2.1 试验目的

检测钢材的力学性能,评定钢材质量。

2.2.2 试验设备

(1) 液压万能试验机:图 2-1,应按照《静力单轴试验机的检验 第 1 部分:拉力和(或)压力试验机测力系统的检验与校准》(GB/T 16825.1—2008)进行检验,并应为Ⅰ级或优于Ⅰ级准确度。
(2) 引伸计:图 2-2,应符合《单轴试验用引伸计的标定》(GB/T 12160—2002)的要求。

图 2-1 液压万能试验机

图 2-2 引伸计

（3）游标卡尺（精度为 0.1 mm）（图 2-3）、钢筋打点机或划线机（图 2-4）。

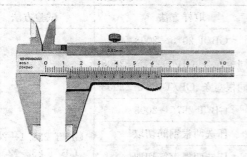

图 2-3　游标卡尺

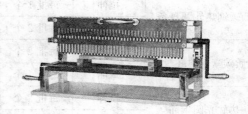

图 2-4　钢筋打点机

2.2.3　试验步骤

1）试样的制作

试样原始标距 L_0 与横截面积 S_0 有 $L_0 = k\sqrt{S_0}$ 关系者称为比例试样。国际上使用的比例系数 k 的值为 5.65。原始标距应不小于 15 mm。当试样横截面积太小，以致采用比例系数 k 为 5.65 的值不能符合这一最小标距要求时，可以采用较高的值（优先采用 11.3 的值）或采用非比例试样。非比例试样其原始标距（L_0）与原始横截面积（S_0）无关。

对于直径 $d_0 \geqslant 4$ mm 的钢筋，属于比例试件，原始标距 $L_0 = k\sqrt{S_0}$，其中比例系数 k 通常取 5.65，也可以取 11.3。对于比例试样，应将原始标距的计算值按 GB/T 8170—2008 修约至最接近 5 mm 的倍数。试件平行长度 $L_c \geqslant L_0 + d_0/2$，对于仲裁试验 $L_c \geqslant L_0 + 2d_0$，钢筋拉伸试件不允许进行车削加工，对未加工试样 L_c 是指夹持部分之间的距离。试件的总长度取决于夹持方法，原则上试件的总长 $L_t > L_c + 4d_0$。

对于直径 $d_0 < 4$ mm 的钢丝，属于非比例试件，其原始标距 L_0 应取（200±2）mm 或（100±1）mm。试验机两夹头之间的试样长度 L_c 应至少等于 $L_0 + 3d_0$，最小值为 $L_0 + 20$ mm。

试验前将试样原始标距细分为 5 mm（推荐）到 10 mm 的 N 等份。试样原始标距应用小标记、细划线或细墨线标记原始标记，但不得用引起过早断裂的缺口作标记；也可以标记一系列套叠的原始标距；还可以在试样表面划一条平行于试样纵轴的线，并在此线上标记原始标距。

2）试样原始横截面积（S_0）的测定

原始横截面积的测定应准确到±1%。

对于钢筋（圆形截面）试样，应在标距的两端及中间三处，分别在两个相互垂直的方向测量试样的直径，取其算术平均值计算该处的横截面积。取三处横截面积的平均值作为试样原始横截面积。

3）上、下屈服强度 R_{eH}、R_{eL} 的测定

上屈服强度 R_{eH} 可以从力—延伸曲线图或峰值力显示器上测得，定义为力首次下降前的最大力值对应的应力。

下屈服强度 R_{eL} 可以从力—延伸曲线图上测得，定义为不计初始瞬时效应时屈服阶段中

的最小力所对应的应力。

对于上、下屈服强度位置判定的基本原则如下：

（1）屈服前的第 1 个峰值应力（第 1 个极大值应力）判为上屈服强度，不管其后的峰值应力比它大或比它小。

（2）屈服阶段中如呈现两个或两个以上的谷值应力，舍去第 1 个谷值应力（第 1 个极小值应力）不计，取其余谷值应力中之最小者判为下屈服强度。如只呈现 1 个下降谷，此谷值应力判为下屈服强度。

（3）屈服阶段中呈现屈服平台，平台应力判为下屈服强度；如呈现多个而且后者高于前者的屈服平台，判第 1 个平台应力为下屈服强度。

（4）正确的判断结果应是下屈服强度一定低于上屈服强度。

4）断后伸长率（A）、断裂总延伸率（A_t）和最大力总延伸率（A_{gt}）的测定

（1）为了测定断后伸长率，应将试样断裂的部分仔细地配接在一起使其轴线处于同一直线上，并采取特别措施确保试样断裂部分适当接触后测量试样断后标距。这对小横截面试样和低伸长率试样尤为重要。

断后伸长率按下式计算：

$$A = \frac{L_u - L_0}{L_0} \times 100\%$$ (2-1)

式中：A——断后伸长率（%）；

L_0——原始标距（mm）；

L_u——断后标距（mm）。

对于比例试样，若原始标距不为 $5.65\sqrt{S_0}$（S_0 为平行长度的原始横截面积），符号 A 应附以下脚注说明所使用的比例系数。例如，$A_{11.3}$ 表示原始标距（L_0）为 $11.3\sqrt{S_0}$ 的断后伸长率。对于非比例试样，符号 A 应附以下脚注说明所使用的原始标距，以毫米（mm）表示。例如，$A_{80\,mm}$ 表示原始标距（L_0）为 80 mm 的断后伸长率。

应使用分辨率足够的量具或测量装置测定断后伸长量（$L_u - L_0$），并准确到 ±0.25 mm。

如规定的最小断后伸长率小于 5%，建议按规范采取特殊方法进行测定。原则上只有断裂处与最接近的标距标记的距离不小于原始标距三分之一的情况方为有效。但若断后伸长率大于或等于规定值，不管断裂位置处于何处，测量均为有效。如断裂处与最接近的标距标记的距离小于原始标距的三分之一时，可采用移位法测定断后伸长率。

（2）移位法测定断后伸长率。当试样断裂处与最接近的标距标记的距离小于原始标距的三分之一时，可以使用如下方法。

试验前，将原始标距（L_0）细分为 5 mm（推荐）到 10 mm 的 N 等份。试验后，以符号 X 表示断裂后试样短段的标距标记，以符号 Y 表示断裂试样长段的等分标记，此标记与断裂处的距离最接近于断裂处至标距标记 X 的距离。

如 X 与 Y 之间的分格数为 n，按如下测定断后伸长率：

① 如 $N-n$ 为偶数，测量 X 与 Y 之间的距离 l_{XY} 和测量从 Y 至距离为 $\frac{1}{2}(N-n)$ 个分格的 Z 标记之间的距离 l_{YZ}。按下式计算断后伸长率：

$$A = \frac{l_{XY} + 2l_{YZ} - L_0}{L_0} \times 100\% \qquad (2\text{-}2)$$

②如 $N-n$ 为奇数,测量 X 与 Y 之间的距离 l_{XY},以及从 Y 至距离分别为 $\frac{1}{2}(N-n-1)$ 和 $\frac{1}{2}(N-n+1)$ 个分格的 Z' 和 Z'' 标记之间的距离 $l_{YZ'}$ 和 $l_{YZ''}$。按下式计算断后伸长率:

$$A = \frac{l_{XY} + l_{YZ'} + l_{YZ''} - L_0}{L_0} \times 100\% \qquad (2\text{-}3)$$

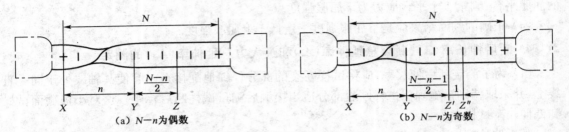

图 2-5　移位方法的图示说明(试样头部形状仅为示意)

(3) 能用引伸计测定断裂延伸的试验机,引伸计标距(L_e)应等于试样原始标距(L_0),无需标出试样原始标距的标记。以断裂时的总延伸作为伸长测量时,为了得到断后伸长率,应从总延伸中扣除弹性延伸部分。

原则上,断裂发生在引伸计标距(L_e)以内为有效,但断后伸长率等于或大于规定值时,不管断裂位置处于何处,测量均为有效。

(4) 在用引伸计得到的力—延伸曲线图上测定断裂总延伸。断裂总延伸率 A_t 按下式计算:

$$A_t = \frac{\Delta L_f}{L_e} \times 100\% \qquad (2\text{-}4)$$

式中:A_t——断裂总延伸率(%);

L_e——引伸计标距(mm);

ΔL_f——断裂总延伸(mm)。

(5) 在用引伸计得到的力—延伸曲线图上测定最大力总延伸。最大力总延伸率 A_{gt} 按下式计算:

$$A_{gt} = \frac{\Delta L_m}{L_e} \times 100\% \qquad (2\text{-}5)$$

式中:A_{gt}——最大力总延伸率(%);

L_e——引伸计标距(mm);

ΔL_m——最大力总延伸(mm)。

5) 抗拉强度(R_m)的测定

用引伸计得到的力—延伸曲线图上的最大力(F_m)除以试样原始横截面积(S_0),即为抗拉强度。

$$R_{\mathrm{m}} = \frac{F_{\mathrm{m}}}{S_0} \tag{2-6}$$

2.2.4　试验结果数值的修约

试验测定的性能结果数值应按照相关产品标准的要求进行修约。如未规定具体要求,应按照如下要求进行修约:①强度性能值修约至 1 MPa;②屈服点延伸率修约至 0.1%,其他延伸率和断后伸长率修约至 0.5%;③断面收缩率修约至 1%。

2.2.5　注意事项

(1)在钢筋拉伸试验过程中,当拉力未达到钢筋规定的屈服点(即处于弹性阶段)而出现停机等故障时,应卸下荷载并取下试样,待恢复正常后可再做拉伸试验。

(2)当拉力已达钢筋所规定的屈服点至屈服阶段时,不论停机时间长短,该试样按报废处理。

(3)当拉力达到屈服阶段,但尚未达到极限时,如排除故障后立即恢复试验,测试结果有效;如故障长时间不能排除,应卸下荷载取下试样,该试样作报废处理。

(4)当拉力达到极限(度盘已退针),试件已出现颈缩,若此时伸长率符合要求,则判定为合格;若此时伸长率不符合要求,应重新取样进行试验。

2.3　钢筋弯曲试验

2.3.1　试验目的

检测钢材的弯曲性能,评定钢材质量。

2.3.2　试验设备

应在配备下列弯曲装置之一的试验机或压力机上完成试验。

(1)支辊式弯曲装置:如图 2-6 所示,支辊长度和弯曲压头的宽度应大于试样宽度或直径。弯曲压头的直径由产品标准规定。支辊和弯曲压头应具有足够的硬度。除非另有规定,支辊间距离 l 应按下式确定:

$$l = (D + 3a) \pm 0.5a \tag{2-7}$$

此距离在试验期间应保持不变。

（2）V 形模具式弯曲装置。

（3）虎钳式弯曲装置。

（4）翻板式弯曲装置。

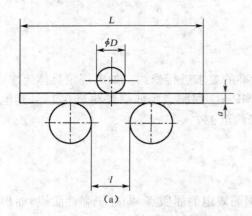 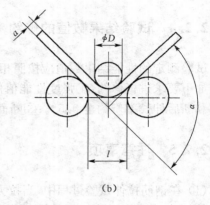

图 2-6　支辊式弯曲装置

2.3.3　试验步骤

1）试样准备

按钢筋的取样方法（见 2.1）进行取样。试样表面不得有划痕和损伤。试样长度应根据钢筋直径和所使用的试验设备确定。

2）按照相关产品标准规定，采用下列方法之一完成试验

（1）试样弯曲至规定角度的试验。应将试样放置于两支辊上，试样轴线应与弯曲压头轴线垂直，弯曲压头在两支座之间的中点处对试样连续施加力使其弯曲，直至达到规定的弯曲角度。

使用上述方法如不能直接达到规定的弯曲角度，应将试样置于两平行压板之间，连续对其两端施压使试样进一步弯曲，直到达到规定的弯曲角度。

（2）试样弯曲至两臂相互平行的试验。首先对试样进行初步弯曲，然后将试样置于两平行压板之间，连续施加力压其两端使试样进一步弯曲，直至两臂平行。试验时可以加或不加内置垫块。垫块厚度等于规定的弯曲压头直径，除非产品标准中另有规定。

（3）试样弯曲至两臂直接接触的试验。首先对试样进行初步弯曲，然后将试样置于两平行压板之间，连续施加力压其两端使试样进一步弯曲，直至两臂直接接触。

2.3.4　试验结果评定

（1）应按相关产品标准的要求评定弯曲试验结果。如未规定具体要求，弯曲试验后不使用放大仪器观察，试样弯曲外表面无可见裂纹应评定为合格。

（2）以相关产品标准规定的弯曲角度作为最小值；若规定弯曲压头直径，以规定的弯曲压头直径作为最大值。

2.3.5 注意事项

（1）在钢筋弯曲试验过程中，应采取适当防护措施（如加防护罩等），防止钢筋断裂时飞出伤及人员和损坏邻近设备。弯曲时碰到断裂钢筋时，应立即切断电源，查明情况。

（2）当钢材冷弯过程中发生意外故障时，应卸下荷载，取下试样，待仪器设备恢复正常后再做冷弯试验。

课后思考题

1. 钢筋拉伸和冷弯试件分别是怎样制作的？拉伸速度对试验结果有何影响？
2. 怎样处理断口出现在标距外时的试验结果？
3. 如何确定没有屈服现象或屈服现象不明显钢筋的屈服点？

钢筋试验报告

组别＿＿＿＿＿＿＿＿＿＿　　同组试验者＿＿＿＿＿＿＿＿＿＿＿＿＿＿＿＿

日期＿＿＿＿＿＿＿＿＿＿　　指导老师＿＿＿＿＿＿＿＿＿＿＿＿＿＿＿＿＿

一、试验目的

二、试验记录与计算

1. 拉伸试验

试样标号	公称直径（mm）	原截面面积（mm²）	标距长度（mm）	屈服荷载（N）	最大荷载（N）	断后标距内长度（mm）	屈服强度（MPa）	抗拉强度（MPa）	断口位置

注:钢筋种类＿＿＿＿＿＿＿,实验室温度＿＿＿＿＿＿＿,拉伸速度＿＿＿＿＿＿＿

2. 冷弯性能检验

试样编号	试样直径（mm）	试样长度（mm）	弯曲状况（弯心直径及角度）	弯曲处侧面和外面情况	冷弯结果评定

三、分析与讨论

3

水　泥　试　验

3.1　水泥试样的取样

3.1.1　检测依据

检验水泥的依据有:《通用硅酸盐水泥》(GB 175—2007)、《水泥取样方法》(GB/T 12573—2008)、《水泥细度检验方法　筛析法》(GB/T 1345—2005)、《水泥标准稠度用水量、凝结时间、安定性检验方法》(GB/T 1346—2011)、《水泥胶砂强度检验方法(ISO 法)》(GB/T 17671—1999)等。

3.1.2　水泥试验的一般规定

(1)取样方法:水泥按同品种、同强度等级进行编号和取样。袋装水泥和散装水泥应分别进行编号和取样。每一编号为一取样单位。编号根据水泥厂年生产能力按国家标准进行。取样应有代表性,可连续取,亦可从 20 个以上不同部位取等量样品,总量不得少于 12 kg。

(2)取得的水泥试样应通过 0.9 mm 方孔筛,充分混合均匀,分成两等份,一份进行水泥各项性能试验,一份密封保存 3 个月,供作仲裁检验时使用。

(3)试验室用水必须是洁净的淡水。

(4)筛析法测定水泥细度时对试验室的温、湿度没有要求;水泥比表面积测定时要求试验室的相对湿度不大于 50%;其他试验要求试验室的温度应保持在 (20±2)℃,相对湿度不低于 50%;湿气养护箱温度为 (20±1)℃,相对湿度不小于 90%;养护水的温度为 (20±1)℃。

(5)水泥试样、标准砂、拌合水、仪器和用具的温度均应与试验室温度相同。

3.2 水泥细度试验

3.2.1 试验目的

《水泥细度检验方法 筛析法》(GB/T 1345—2005)，检验水泥颗粒粗细程度，评判水泥质量。

3.2.2 试验设备(负压筛法)

(1) 负压筛析仪:由筛座、负压筛、负压源及收尘器组成。筛座由转速(30±2)r/min 的喷气嘴、负压表、微电机及壳体组成，如图 3-1、图 3-2 所示。

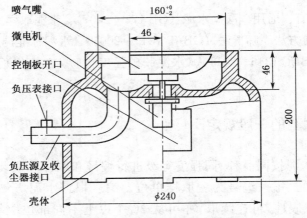

图 3-1 负压筛析仪筛座示意图

图 3-2 水泥负压筛析仪

(2) 天平:称量 100 g，感量 0.01 g。

3.2.3　试验步骤(负压筛法)

(1)试验前把负压筛放在筛座上,盖上筛盖,接通电源,检查控制系统,调节负压至 4 000～6 000 Pa 范围内。

(2)称取水泥试样精确至 0.01 g,80 μm 筛析试验称取 25 g,45 μm 筛析试验称取 10 g。将试样置于洁净的负压筛中,放在筛座上,盖上筛盖。

(3)启动负压筛析仪,连续筛析 2 min,在此期间若有试样黏附于筛盖上,可轻轻敲击筛盖使试样落下。

(4)筛毕,取下筛子,倒出筛余物,用天平称量筛余物的质量,精确至 0.01 g。

3.2.4　结果计算与评定

水泥试样筛余百分数按下式计算,精确至 0.1%。

$$F = \frac{R_t}{W} \times 100\% \tag{3-1}$$

式中:F——水泥试样筛余百分数(%);

　　R_t——水泥筛余物的质量(g);

　　W——水泥试样的质量(g)。

合格评定时,每个样品应称取两个试样分别筛析,取筛余平均值为筛析结果。如两次筛余结果绝对误差大于 0.5% 时(筛余值大于 5.0% 时可放至 1.0%)应再做一次试验,取两次相近结果的算术平均值作为最终结果。

3.2.5　注意事项

(1)试验筛必须保持洁净,使筛孔通畅。当筛孔被水泥堵塞影响筛余量时,可以用弱酸浸泡,用毛刷轻轻地刷洗,用淡水冲净、晾干后再使用。

(2)如果筛析机的工作负压小于 4 000 Pa,应查明原因,及时清理吸尘器内的水泥,使筛析机负压恢复正常(4 000～6 000 Pa 范围内)后,方可使用。

3.3　水泥标准稠度用水量、凝结时间及安定性试验

3.3.1　水泥标准稠度用水量测定(标准法)

1)试验目的

根据《水泥标准稠度用水量、凝结时间、安定性检验方法》(GB/T 1346—2011)测定水泥净

浆达到标准稠度时的用水量,为水泥凝结时间和安定性试验做好准备。

2)试验设备

(1)水泥净浆搅拌机:如图3-3,由搅拌锅、搅拌叶片、传动机构和控制系统组成。搅拌叶片作旋转方向相反的公转和自转,控制系统可自动控制或手动控制。

(2)标准法维卡仪:如图3-4~图3-6所示,由金属滑杆(下部可旋接测标准稠度用试杆或试锥、测凝结时间用试针,滑动部分的总质量为300 g±1 g)、底座、松紧螺丝、标尺和指针组成。标准法采用金属圆模。

图3-3 水泥净浆搅拌机

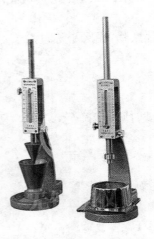

图3-4 维卡仪

图3-5 自动维卡仪

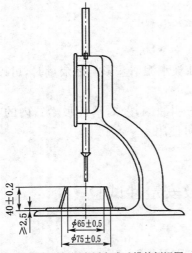

(a)初凝时间测定用立式试模的侧视图

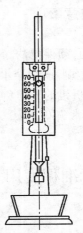

(b)终凝时间测定用反转试模的前视图

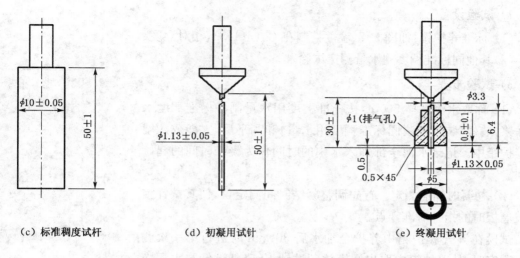

（c）标准稠度试杆　　　　　（d）初凝用试针　　　　　　（e）终凝用试针

图 3-6　测定水泥标准稠度和凝结时间用的维卡仪主要部件构造

（3）其他仪器：天平，最大称量不小于 1 000 g，分度值不大于 1 g；量筒，最小刻度为 0.1 mL，精度为 1%。

3）试验步骤

（1）调整维卡仪并检查水泥净浆搅拌机。维卡仪上的金属棒能自由滑动，并调整至试杆接触玻璃板时的指针对准零点。搅拌机运行正常，并用湿布将搅拌锅和搅拌叶片擦湿。

（2）称取水泥试样 500 g，拌合水量按经验确定并用量筒量好。

（3）将拌合水倒入搅拌锅内，然后在 5～10 s 内将水泥试样加入水中。将搅拌锅放在锅座上，升至搅拌位，启动搅拌机，先低速搅拌 120 s，停 15 s，再快速搅拌 120 s，然后停机。

（4）拌合结束后，立即取适量水泥浆一次性将其装入置于玻璃底板上的试模中，浆体超过试模上端，用宽约 25 mm 的直边刀轻轻拍打超出试模部分的浆体 5 次，以排除浆体中的孔隙，然后在试模上表面约 1/3 处，略倾斜于试模分别向外轻轻锯掉多余净浆，再从试模边沿轻抹顶部一次，使净浆表面光滑。在锯掉多余净浆和抹平的操作过程中，注意不要压实净浆。

抹平后迅速将试模和底板移到维卡仪上，将其中心定在试杆下，降低试杆直至与水泥净浆表面接触，拧紧螺丝 1～2 s 后，突然放松，使试杆垂直自由地沉入水泥净浆中。

（5）在试杆停止沉入或释放试杆 30 s 时记录试杆距底板之间的距离，升起试杆后，立即擦净。整个操作应在搅拌后 1.5 min 内完成。

4）结果计算与评定

以试杆沉入净浆并距底板（6±1）mm 的水泥净浆为标准稠度水泥净浆。标准稠度用水量（P）以拌合标准稠度水泥净浆的水量除以水泥试样总质量的百分数为结果。

3.3.2　水泥净浆凝结时间测定

1）试验目的

测定水泥的初凝时间和终凝时间，评定水泥质量。

2）试验设备

（1）标准养护箱：如图 3-7，温度控制在（20±1）℃，相对湿度 > 90%。

（2）其他同标准稠度用水量测定试验。

3）试验步骤

（1）称取水泥试样 500 g，按标准稠度用水量制备标准稠度水泥净浆，装模（装模方法同标准稠度用水量）和刮平后，立即放入湿气养护箱中。记录水泥全部加入水中的时间作为凝结时间的起始时间。

（2）初凝时间的测定。首先调整凝结时间测定仪，使其试针接触玻璃板时的指针对准零点。

试模在湿气养护箱中养护至加水后 30 min 时进行第一次测定。测定时，从养护箱中取出圆模放到试针下，降低试针与水泥净浆表面接触，拧紧螺丝 1~2 s 后，突然放松，试针垂直自由地沉入水泥净浆。观察试针停止下沉或释放试针 30 s 时指针的读数。临近初凝时，每隔5 min 测定一次，当试针沉至距底板（4±1）mm 时为水泥达到初凝状态。

图 3-7 标准养护箱

（3）终凝时间的测定。为了准确观察试针沉入的状况，在试针上安装一个环形附件。在完成水泥初凝时间测定后，立即将试模连同浆体以平移的方式从玻璃板取下，翻转 180°，直径大端向上、小端向下放在玻璃板上，再放入湿气养护箱中继续养护，临近终凝时间时，每隔 15 min 测定一次。当试针沉入试体 0.5 mm 时，即环形附件开始不能在试体上留下痕迹时，为水泥达到终凝状态。

（4）测定注意事项。测定时应注意，在最初测定的操作时应轻轻扶持金属柱，使其徐徐下落，以防试针撞弯，但结果以自由下落为准；在整个测试过程中试针沉入的位置至少要距试模内壁 10 mm。临近初凝时，每隔 5 min（或更短时间）测定一次，到达初凝时应立即重复一次，当两次结论相同时才能确定到达初凝状态。临近终凝时每隔 15 min（或更短时间）测定一次，到达终凝时，需要在试体另外两个不同点测试，确认结论相同才能确定到达终凝状态。每次测定不能让试针落入原针孔，每次测定后，须将试针擦净并将试模放回湿气养护箱内，整个测试过程要防止试模受振。

4）结果计算与评定

（1）由水泥全部加入水中至初凝状态的时间为水泥的初凝时间，用"min"表示。

（2）由水泥全部加入水中至终凝状态的时间为水泥的终凝时间，用"min"表示。

5）注意事项

当水泥凝结时间达到初凝或终凝时应立即重复一次；当两次结果相同时才能确定为到达初凝或终凝状态。每次测定不能让试针落入原针孔，每次测定后，须将试模放回养护箱内，并将试针插净，而且要防止试模受振。

3.3.3　水泥体积安定性的测定

1）试验目的

检验水泥是否由于游离氧化钙含量过多造成了体积安定性不良,以评定水泥质量。

2）试验设备

(1) 沸煮箱:如图 3-8,箱内装入的水,应保证在 (30 ± 5)min 内由室温加热至沸腾状态,并保持 (180 ± 5)min,整个试验过程中不需补充水量。

(2) 雷氏夹:如图 3-9 所示,由铜质材料制成。当一根指针的根部先悬挂在一根尼龙丝上,另一根指针的根部再挂上 300 g 的砝码时,两根指针针尖的距离增加应在 (17.5 ± 2.5)mm 范围内,即 $2x = (17.5 \pm 2.5)$mm,如图 3-10 所示,去掉砝码后针尖的距离能恢复至挂砝码前的状态。

图 3-8　水泥沸煮箱

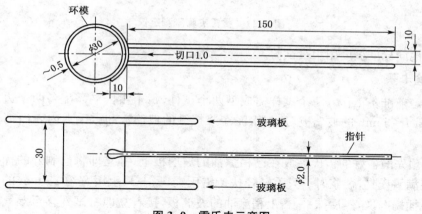

图 3-9　雷氏夹示意图

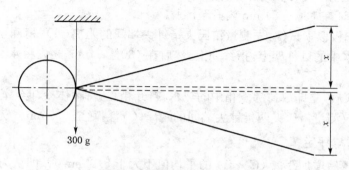

图 3-10　雷氏夹受力示意图

（3）雷氏夹膨胀测定仪：如图 3-11 所示,标尺最小刻度为 0.5 mm。

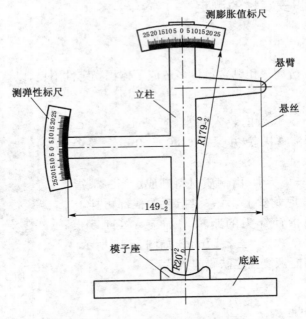

图 3-11　雷氏夹膨胀测定仪

（4）其他同标准稠度用水量试验。

3）试验步骤

（1）测定前准备工作。每个试样需成型两个试件,每个雷氏夹需配备两个边长或直径约 80 mm、厚度 4~5 mm 的玻璃板,凡与水泥净浆接触的玻璃板和雷氏夹内表面都要稍稍涂上一层油。

（2）将预先准备好的雷氏夹放在已稍擦油的玻璃板上,并立即将已制好的标准稠度水泥净浆一次装满雷氏夹,装浆时一只手轻轻扶持雷氏夹,另一只手用宽约 25 mm 的直边刀在浆体表面轻轻插捣 3 次,然后抹平,盖上稍涂油的玻璃板,接着立即将试件移至湿气养护箱内养护（24±2）h。

（3）调整好沸煮箱内的水位,使能保证在整个沸煮过程中都超过试件,不需中途添补试验用水,同时又能保证在（30±5）min 内升至沸腾。

（4）脱去玻璃板取下试件,先测量雷氏夹指针尖端间的距离（A）,精确至 0.5 mm,接着将试件放入沸煮箱水中的试件架上,指针朝上,然后在（30±5）min 之内将水加热至沸腾并恒沸（180±5）min。

（5）沸煮结束后,立即放掉沸煮箱中的热水,打开箱盖,待箱体冷却至室温,取出试件。用雷氏夹膨胀测定仪测量雷氏夹两指针尖端间的距离（C）,精确至 0.5 mm。

4）结果计算与评定

当两个试件煮后增加距离（$C-A$）的平均值不大于 5.0 mm 时,即认为水泥安定性合格。当两个试件煮后增加距离（$C-A$）的平均值大于 5.0 mm 时,应用同一样品立即重做一次试验。以复检结果为准。

3.4 水泥胶砂强度试验

3.4.1 试验目的

《水泥胶砂强度检验方法(ISO 法)》(GB/T 17671—1999),测定水泥各龄期的强度,以确定水泥强度等级,或已知强度等级,检验强度是否满足国家标准所规定的各龄期强度数值。

3.4.2 试验设备

(1)行星式水泥胶砂搅拌机:应符合 JC/T 681—2005 要求,如图 3-12、图 3-13 所示。

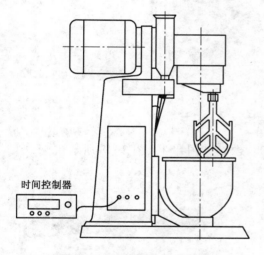

图 3-12 胶砂搅拌机示意图

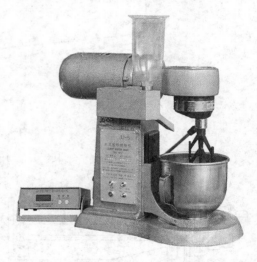

图 3-13 行星式水泥胶砂搅拌机

(2)试模:如图 3-14 所示,由三个水平的模槽(三联模)组成,可同时成型三条截面为 40 mm × 40 mm、长 160 mm 的棱柱试体。在组装试模时,应用黄干油等密封材料涂覆模型的外接缝,试模的内表面应涂上一薄层模型油或机油。为控制试模内料层厚度和刮平胶砂,应备有两个播料器和一个金属刮平直尺。

(3)振实台:应符合 JC/T 682—2005 要求,如图 3-15、图 3-16 所示。

图 3-14 水泥试模

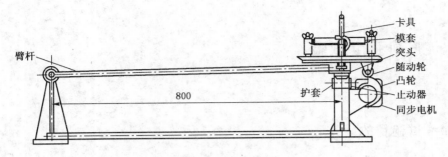

图 3-15 振实台示意图

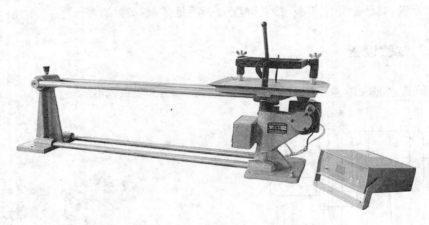

图 3-16 振实台

（4）抗折强度试验机：应符合 JC/T 724—2005 要求，如图 3-17、图 3-18 所示。

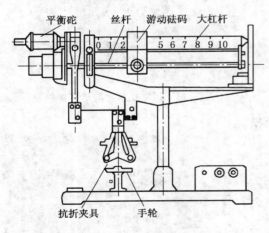

图 3-17 抗折强度试验机示意图

图 3-18 水泥抗折强度试验机

（5）抗压强度试验机：试验机的最大荷载以 200～300 kN 为佳，在较大的 4/5 量程范围内记录的荷载应有±1% 精度，并具有按（2 400±200）N/s 速率加荷的能力，如图 3-19 所示。

（6）抗压夹具。应符合 JC/T 683—2005 要求，受压面积为 40 mm × 40 mm，如图 3-20 所示。

图 3-19　抗压强度试验机

图 3-20　水泥抗压夹具

（7）其他。称量用的天平精度应为±1 g,滴管精度应为±1 mL。

3.4.3　试验步骤

1）制作水泥胶砂试件

（1）水泥胶砂试件由水泥、中国 ISO 标准砂、拌合用水按 1∶3∶0.5 的比例拌制而成。一锅胶砂可成型三条试体,每锅材料用量见表 3-1。按规定称量好各种材料。

表 3-1　每锅胶砂的材料用量

材料	水泥	中国 ISO 标准砂	水
用量(g)	450±2	1 350±5	225±1

（2）将水加入胶砂搅拌锅内,再加入水泥,把锅放在固定架上,升至固定位置,然后启动机器,低速搅拌 30 s,在第二个 30 s 开始时,同时均匀地加入标准砂;再高速搅拌 30 s;停 90 s,在第一个 15 s 内用一胶皮刮具将叶片上和锅壁上的胶砂刮入锅中间;在高速下继续搅拌 60 s。各阶段的搅拌时间误差应在±1 s 内。

（3）将试模内壁均匀涂刷一层机油,并将空试模和模套固定在振实台上。

（4）胶砂制备后应立即成型,用勺子将搅拌锅内的水泥胶砂分两层装模。装第一层时,每个槽约放 300 g 胶砂,并用大播料器垂直架在模套顶部沿每个模槽来回一次将料层播平,接着振动 60 次,再装第二层胶砂,用小播料器播平,再振动 60 次。

（5）移走模套,取下试模,用金属直尺以近似 90°的角度架在试模模顶一端,沿试模长度方向做锯割动作慢慢向另一端移动,一次将超过试模部分的胶砂刮去,并用同一直尺以近乎水平的情况下将试件表面抹平。

2）水泥胶砂试件的养护

（1）脱模前的处理和养护。去掉试模四周的胶砂,立即放入雾室或湿箱的水平架上养护,湿空气应能与试模各边接触。养护时不应将试模放在其他试模上。一直养护到规定的脱模时间时取出试件。脱模前用防水墨汁或颜料笔对试件编号,两个以上龄期的试件,在编号时应将同一试模中的三条试件分在两个以上龄期内。

（2）脱模。脱模可用塑料锤或橡皮榔头或专门的脱模器,应非常小心。对于 24 h 龄期的,应在破型试验前 20 min 内脱模;对于 24 h 以上龄期的,应在成型后 20～24 h 之间脱模。

（3）水中养护。将脱模后已做好标记的试件立即水平或竖直放在(20±1)℃水中养护,水平放置时刮平面应朝上。

试件放在不易腐烂的算子上,并彼此间保持一定间距,以让水与试件的六个面接触。养护期间试件之间间隔或试件上表面的水深不得小于 5 mm。每个养护池只养护同类型的水泥试件。不允许在养护期间全部换水。

除 24 h 龄期或延迟至 48 h 脱模的试件外,任何到龄期的试件应在破型前 15 min 从水中取出,揩去试件表面沉积物,并用湿布覆盖至试验为止。

（4）水泥胶砂试件养护至各规定龄期。试件龄期是从水泥加水搅拌开始起算。不同龄期的强度在下列时间里进行测定：24 h±15 min;48 h±30 min;72 h±45 min;7 d±2 h;＞28 d±8 h。

3）水泥胶砂试件的强度测定

（1）抗折强度试验。将试件安放在抗折夹具内,试件的侧面与试验机的支撑圆柱接触,试件长轴垂直于支撑圆柱。启动试验机,以(50±10)N/s的速度均匀地加荷直至试件断裂。

（2）抗压强度试验。抗折强度试验后的六个断块试件保持潮湿状态,并立即进行抗压试验。将断块试件放入抗压夹具内,并以试件的侧面作为受压面。启动试验机,以(2 400±200)N/s的速度进行加荷,直至试件破坏。

3.4.4　结果计算与评定

1）抗折强度

（1）每个试件的抗折强度 f_{tm} 按下式计算,精确至 0.1 MPa。

$$f_{tm} = \frac{3FL}{2b^3} = 0.002\,34F \qquad (3-2)$$

式中:F——折断时施加于棱柱体中部的荷载(N);

$\qquad L$——支撑圆柱体之间的距离(mm),$L = 100$ mm;

$\qquad b$——棱柱体截面正方形的边长(mm),$b = 40$ mm。

（2）以一组三个试件抗折结果的平均值作为试验结果。当三个强度值中有超出平均值±10％时,应剔除后再取平均值作为抗折强度试验结果。计算精确至 0.1 MPa。

2）抗压强度

（1）每个试件的抗压强度 f_c 按下式计算,精确至 0.1 MPa。

$$f_c = \frac{F}{A} = 0.000\,625F \tag{3-3}$$

式中：F——试件破坏时的最大抗压荷载（N）；

A——受压部分面积（mm²）（40 mm × 40 mm = 1 600 mm²）。

（2）以一组三个棱柱体上得到的六个抗压强度测定值的算术平均值作为试验结果。如六个测定值中有一个超出六个平均值的±10％，就应剔除这个结果，而以剩下五个的平均值作为结果。如果五个测定值中再有超过它们平均值±10％的，则此组结果作废。计算精确至0.1 MPa。

课后思考题

1. 影响水泥标准稠度用水量测定准确性的主要因素有哪些？

2. 水泥凝结时间的工程意义如何？水泥初凝时间为什么不能过短，终凝时间为什么不能过长？

3. 工程中如何处理体积安定性不良的水泥？国家标准规定用什么方法测定水泥体积安定性？加水煮沸的作用是什么？

4. 测定水泥胶砂强度时为什么要使用标准砂？

5. 确定水泥强度等级时，对所测的强度数值应如何处理？

水泥试验报告

组别＿＿＿＿＿＿＿＿＿＿　　同组试验者＿＿＿＿＿＿＿＿＿＿＿＿＿

日期＿＿＿＿＿＿＿＿＿＿　　指导老师＿＿＿＿＿＿＿＿＿＿＿＿＿

一、试验目的

二、试验记录与计算

1. 水泥细度试验

水泥品种	检验方法	试验质量(g)	筛余物质量(g)	筛余百分率(%)	结果评判
	干筛法				

2. 标准稠度用水量测定(固定用水量法)

测试次数	水泥质量(g)	拌合物用水量(cm³)	试锥下沉深度 $S(mm)$	标准稠度用水量 $P(\%)$ $P = 33.4 - 0.185S$	标准稠度用水量平均值(%)
1					
2					

3. 水泥净浆凝结时间测定

水泥品种及强度等级		备　注
试样质量	水泥(400 g)和标准稠度用水(114 cm³)	
标准稠度用水量(%)		
加水时刻	时　　分	
初凝到达时间	时　　分	
终凝到达时间	时　　分	

续表

水泥品种及强度等级		备　注
初凝时间		
终凝时间		

根据＿＿＿＿＿＿＿＿＿＿标准,该品种水泥的凝结时间＿＿＿＿＿＿＿＿＿＿（合格与否）

4. 体积安定性试验

试验质量(g)	养护龄期(d)	标准稠度用水量 P(%)	沸煮时间(min)
			结果评定
第一块试饼	第二块试饼		

5. 水泥胶砂强度试验

（1）水泥基本情况

水泥品种	原注强度试验	生产单位	出厂日期

（2）试件制备

成型三条试件所需材料	水泥 C(g)	标准砂 S(g)	水 W(cm³)	水灰比 W/C

（3）养护及测试条件

养护温度（℃）	养护湿度（%）	测强时龄期（d）	加荷速度(N/s)		实验室温度（℃）
			抗折试验	抗压试验	

（4）测试记录与计算

① 抗折强度测定

试件编号	破坏荷载（N）	b(mm)	h(mm)	L(mm)	抗折强度（MPa）	抗折强度平均值（MPa）
1						
2						
3						

② 抗压强度测定

试件编号	破坏荷载(N)	受压面积(mm²)	抗压强度(MPa)	抗压强度平均值(MPa)
1-①				
1-②				
2-①				
2-②				
3-①				
3-②				

根据_____标准,该水泥的强度标号为_____。

三、分析与讨论

4 骨料试验

4.1 砂、石试样的取样与处理

4.1.1 试验依据

《建设用砂》(GB/T 14684—2011)、《建设用卵石、碎石》(GB/T 14685—2011)等。

4.1.2 取样方法

（1）在料堆上取样时，取样部位应均匀分布。取样前先将取样部位表层铲除，然后从不同部位随机抽取大致等量的砂8份(石子15份)，组成一组样品。

（2）从皮带运输机上取样时，应用与皮带机等宽的接料器从皮带运输机头部出料处全断面定时抽取大致等量的砂4份(石8份)，组成一组样品。

（3）从火车、汽车、货船上取样时，从不同部位和深度随机抽取大致等量的砂8份(石16份)，组成一组样品。

4.1.3 取样数量

单项试验的最少取样数量应符合表4-1和表4-2的规定。做几项试验时，如确能保证试样经一项试验后不致影响另一试验的结果，可用同一试样进行几项不同的试验。

表4-1 砂单项试验取样数量　　　　　　　　　　（单位：kg）

序号	检验项目	最少取样质量	序号	检验项目	最少取样质量
1	颗粒级配	4.4	5	云母含量	0.6
2	含泥量	4.4	6	轻物质含量	3.2
3	石粉含量	6.0	7	有机物含量	2.0
4	泥块含量	20.0	8	硫化物与硫酸盐含量	0.6

续表 4-1

序号	检验项目		最少取样质量	序号	检验项目	最少取样质量
9	氯化物含量		4.4	13	松散堆积密度与空隙率	5.0
10	贝壳含量		9.6	14	碱集料反应	20.0
11	坚固性	天然砂	8.0	15	放射性	6.0
		机制砂	20.0	16	饱和面干吸水率	4.4
12	表观密度		2.6			

表 4-2 石子单项试验取样数量

序号	试验项目	最大粒径(mm)							
		9.5	16.0	19.0	26.5	31.5	37.5	63.0	75.0
		最少取样数量(kg)							
1	颗粒级配	9.5	16.0	19.0	25.0	31.5	37.5	63.0	80.0
2	含泥量	8.0	8.0	24.0	24.0	40.0	40.0	80.0	80.0
3	泥块含量	8.0	8.0	24.0	24.0	40.0	40.0	80.0	80.0
4	针、片状颗粒含量	1.2	4.0	8.0	12.0	20.0	40.0	40.0	40.0
5	有机物含量								
6	硫化物和硫酸盐含量	按试验要求的粒级和数量取样							
7	坚固性								
8	岩石抗压强度	随机选取完整石块锯切或钻取成试验用样品							
9	压碎指标	按试验要求的粒级和数量取样							
10	表观密度	8.0	8.0	8.0	8.0	12.0	16.0	24.0	24.0
11	堆积密度与空隙率	40.0	40.0	40.0	40.0	80.0	80.0	120.0	120.0
12	碱集料反应	20.0	20.0	20.0	20.0	20.0	20.0	20.0	20.0
13	吸水率	2.0	4.0	8.0	12.0	20.0	40.0	40.0	40.0
14	放射性	6.0							
15	含水率	按试验要求的粒级和数量取样							

4.1.4 试样处理

1)砂试样处理

(1)用分料器法:将样品在潮湿状态下拌合均匀,然后通过分料器,取接料斗中的其中一份再次通过分料器。重复上述过程,直至把样品缩分到试验所需量为止。

(2)人工四分法:将所取样品置于平板上,在潮湿状态下拌合均匀,并堆成厚度约为

20 mm 的"圆饼"状,然后沿互相垂直的两条直径把"圆饼"分成大致相等的四份,取其中对角的两份重新拌匀,再堆成"圆饼"。重复上述过程,直至把样品缩分到试验所需量为止。

堆积密度、机制砂坚固性检验所用试样可不经缩分,在拌匀后直接进行试验。

2)石子试样处理

将所取样品置于平板上,在自然状态下拌合均匀,并堆成锥体,然后沿互相垂直的两条直径把锥体分成大致相等的四份,取其中对角线的两份重新拌匀,再堆成锥体。重复上述过程,直至把样品缩分至试验所需量为止。

堆积密度试验所用试样可不经缩分,在拌匀后直接进行试验。

4.2 砂颗粒级配试验

4.2.1 试验目的

测定混凝土用砂的颗粒级配和粗细程度。

4.2.2 试验设备

(1)鼓风干燥箱:如图 4-1 所示,能使温度控制在(105±5)℃。

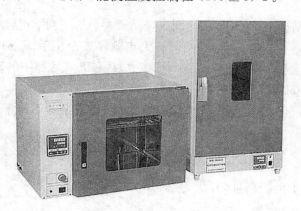

图 4-1 鼓风干燥箱

(2)天平:称量 1 000 g,感量 1 g。

(3)方孔筛:如图 4-2 所示,孔径为 150 μm、300 μm、600 μm、1.18 mm、2.36 mm、4.75 mm 及 9.50 mm 的筛各一只,并附有筛底和筛盖。

(4)摇筛机,见图 4-3。

(5)搪瓷盘、毛刷等。

图 4-2 标准砂、石筛

图 4-3 摇筛机

4.2.3 试验步骤

1）试样制备

按规定取样,筛除大于 9.50 mm 的颗粒(并计算出筛余百分率),并将试样缩分至约 1 100 g,放在干燥箱中于(105±5)℃下烘干至恒量,待冷却至室温后,分为大致相等的两份备用。

2）筛分

称取试样 500 g,精确至 1 g。将试样倒入按孔径大小从上到下组合的套筛(附筛底)上,置套筛于摇筛机上,摇 10 min,取下套筛,按筛孔大小顺序逐个用手筛,筛至每分钟通过量小于试样总量 0.1% 为止。通过的颗粒并入下一号筛中,并和下一号筛中的试样一起过筛,这样顺序过筛,直至各号筛全部筛完为止。

称取各号筛的筛余量,精确至 1 g,试样在各号筛上的筛余量不得超过按下式计算出的量。

$$G = \frac{A \times \sqrt{d}}{200} \qquad (4-1)$$

式中:G——在一个筛上的筛余量(g);

A——筛面面积(mm^2);

d——筛孔尺寸(mm)。

超过时应按下列方法之一处理:

（1）将该粒级试样分成少于按式(4-1)计算出的量,分别筛分,并以筛余量之和作为该号筛的筛余量。

（2）将该粒级及以下各粒级的筛余混合均匀,称出其质量,精确至 1 g。再用四分法缩分为大致相等的两份,取其中一份,称出其质量,精确至 1 g,继续筛分。计算该粒级及以下各粒级的分计筛余量时应根据缩分比例进行修正。

4.2.4　结果计算与评定

（1）计算分计筛余百分率：各号筛上的筛余量与试样总质量之比，计算精确至0.1%。

（2）计算累计筛余百分率：该号筛的分计筛余百分率加上该号筛以上各分计筛余百分率之和，精确至0.1%。筛分后，如每号筛的筛余量与筛底的剩余量之和同原试样质量之差超过1%时，应重新试验。

（3）砂的细度模数计算，精确至0.01。

（4）累计筛余百分率取两次试验结果的算术平均值，精确至1%。细度模数取两次试验结果的算术平均值，精确至0.1；如两次试验的细度模数之差超过0.20时，应重新试验。

（5）根据各号筛的累计筛余百分率，采用修约值比较法评定试样的颗粒级配。

4.3　砂表观密度试验

4.3.1　试验目的

测定砂的表观密度，评定砂的质量，为混凝土配合比设计提供依据。

4.3.2　试验设备

（1）鼓风干燥箱：能使温度控制在（105±5）℃。

（2）天平：称量1 000 g，感量1 g。

（3）容量瓶：500 mL。

（4）搪瓷盘、干燥器、滴管、毛刷、温度计等。

4.3.3　试验步骤

（1）按规定取样，并将试样缩分至约660 g，放在干燥箱中于（105±5）℃下烘干至恒量，待冷却至室温后，分为大致相等的两份备用。

（2）称取试样300 g，精确至0.1 g。将试样装入容量瓶，注入冷开水至接近500 mL的刻度处，用手旋转摇动容量瓶，使砂样充分摇动，排除气泡，塞紧瓶盖，静置24 h。然后用滴管小心加水至容量瓶500 mL刻度处，塞紧瓶塞，擦干瓶外水分，称出其质量，精确至1 g。

（3）倒出瓶内水和试样，洗净容量瓶，再向容量瓶内注水至500 mL刻度处，塞紧瓶塞，擦干瓶外水分，称出其质量，精确至1 g。

4.3.4 结果计算与评定

(1) 砂的表观密度按下式计算,精确至 10 kg/m³。

$$\rho_0 = \left(\frac{G_0}{G_0 + G_2 - G_1} - \alpha_t\right) \times \rho_W \qquad (4-2)$$

式中:ρ_0、ρ_W——砂的表观密度和水的密度(kg/m³);

G_0、G_1、G_2——烘干试样的质量,试样、水及容量瓶的总质量,水及容量瓶的总质量(g);

α_t——水温对表观密度影响的修正系数,见表4-3。

表4-3 不同水温对砂(碎石和卵石)的表观密度影响的修正系数

水温(℃)	15	16	17	18	19	20	21	22	23	24	25
α_t	0.002	0.003	0.003	0.004	0.004	0.005	0.005	0.006	0.006	0.007	0.008

(2) 表观密度取两次试验结果的算术平均值,精确至 10 kg/m³;如两次试验结果之差大于 20 kg/m³,应重新试验。

(3) 采取修约值比较法进行评定。

4.4 砂堆积密度与空隙率试验

4.4.1 试验目的

测定砂的堆积密度,计算砂的空隙率,为混凝土配合比设计提供依据。

4.4.2 试验设备

(1) 鼓风干燥箱:能使温度控制在 (105±5)℃。

(2) 天平:称量 10 kg,感量 1 g。

(3) 容量筒:圆柱形金属筒,内径 108 mm,净高 109 mm,容积为 1 L。

(4) 方孔筛:孔径为 4.75 mm 的筛一只。

(5) 垫棒:直径 10 mm、长 500 mm 的圆钢。

(6) 直尺、漏斗或料勺、搪瓷盘、毛刷等。

4.4.3 试验步骤

(1) 试样制备。按规定取样,用搪瓷盘装取试样约 3 L,放在干燥箱中于 (105±5)℃ 下烘干至恒量,待冷却至室温后,筛除大于 4.75 mm 的颗粒,分为大致相等的两份备用。

(2) 松散堆积密度测定。取试样一份,用漏斗或料勺将试样从容量筒中心上方 50 mm 处徐徐倒入,让试样以自由落体下落,当容量筒上部试样呈锥体,且容量筒四周溢满时,即停止加料。然后用直尺沿筒口中心线向两边刮平(试验过程中应防止触动容量筒),称出试样和容量筒总质量,精确至 1 g。

(3) 紧密堆积密度测定。取试样一份,分两次装入容量筒。装完第一层后(约计稍高于 1/2),在筒底垫放一根直径为 10 mm 的圆钢,将筒按住,左右交替颠击地面各 25 次。然后装入第二层,第二层装满后用同样方法颠实(但筒底所垫钢筋的方向应与第一层时的方向垂直)后,再加试样直至超过筒口,然后用直尺沿筒口中心线向两边刮平,称出试样和容量筒总质量,精确至 1 g。

4.4.4 结果计算与评定

(1) 松散或紧密堆积密度按下式计算,精确至 10 kg/m³。

$$\rho_0' = \frac{G_1 - G_2}{V} \tag{4-3}$$

式中:ρ_0'——松散堆积密度或紧密堆积密度(kg/m³);

G_1——试样和容量筒总质量(g);

G_2——容量筒的质量(g);

V——容量筒的容积(L)。

(2) 空隙率按下式计算,精确至 1%。

$$P' = \left(1 - \frac{\rho_0'}{\rho_0}\right) \times 100\% \tag{4-4}$$

式中:P'——空隙率(%);

ρ_0'——试样的松散(或紧密)堆积密度(kg/m³);

ρ_0——试样的表观密度(kg/m³)。

(3) 堆积密度取两次试验结果的算术平均值,精确至 10 kg/m³。空隙率取两次试验结果的算术平均值,精确至 1%。

(4) 采取修约值比较法进行评定。

4.5 砂中含泥量试验

4.5.1 试验目的

测定砂的含泥量,评定砂的质量。

4.5.2 试验设备

(1) 鼓风干燥箱:能使温度控制在(105±5)℃。

(2) 天平:称量 1 000 g,感量 0.1 g。

(3) 方孔筛:孔径为 75 μm 和 1.18 mm 的筛各一只。

(4) 容器:要求淘洗试样时,保持试样不溅出(深度大于 250 mm)。

(5) 搪瓷盘、毛刷等。

4.5.3 试验步骤

(1) 按规定取样,并将试样缩分至约 1 100 g,置于温度为(105±5)℃ 的干燥箱中烘干至恒量,待冷却至室温后,分为大致相等的两份备用。

(2) 称取试样 500 g,精确至 0.1 g。将试样倒入淘洗容器中,注入清水,使水面高于试样面约 150 mm,充分搅拌均匀后,浸泡 2 h,然后用手在水中淘洗试样,使尘屑、淤泥和黏土与砂粒分离,将浑水缓缓倒入 1.18 mm 及 75 μm 的套筛上(1.18 mm 筛放在 75 μm 筛上面),滤去小于 75 μm 的颗粒。试验前筛子的两面应先用水润湿,在整个过程中应小心防止砂粒流失。

(3) 再向容器中注入清水,重复上述操作,直至容器内的水目测清澈为止。

(4) 用水淋洗剩余在筛上的细粒,并将 75 μm 筛放在水中(使水面略高出筛中砂粒的上表面)来回摇动,以充分洗掉小于 75 μm 的颗粒。然后将两只筛的筛余颗粒和清洗容器中已经洗净的试样一并倒入搪瓷盘,置于温度(105±5)℃ 的干燥箱中烘干至恒量,待冷却至室温后,称出其质量,精确至 0.1 g。

4.5.4 结果计算与评定

(1) 含泥量按下式计算,精确至 0.1%。

$$Q_a = \frac{G_0 - G_1}{G_0} \times 100\% \tag{4-5}$$

式中:Q_a——含泥量(%);

G_0——试验前烘干试样的质量(g);

G_1——试验后烘干试样的质量(g)。

(2) 含泥量取两个试样的试验结果算术平均值作为测定值,精确至 0.1%。

(3) 采用修约值比较法进行评定。

4.6 砂中泥块含量试验

4.6.1 试验目的

测定砂的泥块含量,评定砂的质量。

4.6.2 试验设备

(1) 鼓风干燥箱:能使温度控制在(105±5)℃。
(2) 天平:称量 1 000 g,感量 0.1 g。
(3) 方孔筛:孔径为 600 μm 和 1.18 mm 的筛各一只。
(4) 容器:要求淘洗试样时,保持试样不溅出(深度大于 250 mm)。
(5) 搪瓷盘、毛刷等。

4.6.3 试验步骤

(1) 按规定取样,并将试样缩分至约 5 000 g,置于温度为 (105±5)℃ 的干燥箱中烘干至恒量,待冷却至室温后,筛除小于 1.18 mm 的颗粒,分为大致相等的两份备用。
(2) 称取试样 200 g,精确至 0.1 g。将试样倒入淘洗容器中,注入清水,使水面高于试样面约 150 mm,充分搅拌均匀后,浸泡 24 h。然后用手在水中捻碎泥块,再把试样放在 600 μm 筛上,用水淘洗,直至容器内的水目测清澈为止。
(3) 保留下来的试样小心地从筛中取出,装入搪瓷盘后,放在干燥箱中于 (105±5)℃ 下烘干至恒量,待冷却至室温后,称出其质量,精确至 0.1 g。

4.6.4 结果计算与评定

(1) 泥块含量按下式计算,精确至 0.1%。

$$Q_b = \frac{G_1 - G_2}{G_1} \times 100\%$$ (4-6)

式中:Q_b——泥块含量(%);
　G_1——1.18 mm 筛筛余试样的质量(g);
　G_2——试验后烘干试样的质量(g)。
(2) 泥块含量取两次试验结果的算术平均值,精确至 0.1%。
(3) 采用修约值比较法进行评定。

4.7 石子颗粒级配试验

4.7.1 试验目的

测定石子的颗粒级配及粒级规格,作为混凝土配合比设计的依据。

4.7.2 试验设备

(1) 鼓风干燥箱:能使温度控制在 (105 ± 5) ℃。

(2) 天平:称量 10 kg,感量 1 g。

(3) 方孔筛:孔径为 2.36 mm、4.75 mm、9.50 mm、16.0 mm、19.0 mm、26.5 mm、31.5 mm、37.5 mm、53.0 mm、63.0 mm、75.0 mm 及 90 mm 的筛各一只,并附有筛底和筛盖。

(4) 摇筛机、搪瓷盘、毛刷等。

4.7.3 试验步骤

(1) 按规定取样,并将试样缩分至略大于表 4-4 规定的数量,烘干或风干后备用。

表 4-4 石子颗粒级配试验所需试样数量

最大粒径(mm)	9.5	16.0	19.0	26.5	31.5	37.5	63.0	75.0
最少试样质量(kg)	1.9	3.2	3.8	5.0	6.3	7.5	12.6	16.0

(2) 根据试样的最大粒径,称取按表 4-4 规定数量的试样一份,精确到 1 g。将试样倒入按孔径大小从上到下组合的套筛上。

(3) 将套筛置于摇筛机上,摇 10 min,取下套筛,按孔径大小顺序再逐个用手筛,筛至每分钟通过量小于试样总量 0.1％为止。通过的颗粒并入下一号筛中,并和下一号筛中的试样一起过筛,这样顺序进行,直至各号筛全部筛完为止。当筛余颗粒的粒径大于 19.0 mm 时,在筛分过程中,允许用手指拨动颗粒。

(4) 称出各号筛的筛余量,精确至 1 g。

4.7.4 结果计算与评定

(1) 计算分计筛余百分率:各号筛的筛余量与试样总质量之比,精确至 0.1％。

(2) 计算累计筛余百分率:该号筛及以上各筛的分计筛余百分率之和,精确至 1％。筛分后,如每号筛的筛余量与筛底的筛余量之和同原试样质量之差超过 1％时,应重新试验。

(3) 根据各号筛的累计筛余百分率,采用修约值比较法评定该试样的颗粒级配。

4.8 石子表观密度试验

4.8.1 试验目的

测定石子的表观密度,作为评定石子质量和混凝土配合比设计的依据。

4.8.2 试验设备

1) 液体比重天平法

(1) 鼓风干燥箱:能使温度控制在(105±5)℃。

(2) 天平:称量 5 kg,感量 5 g。

(3) 吊篮:直径和高度均为 150 mm,由孔径为 1～2 mm 的筛网或钻有 2～3 mm 孔洞的耐锈蚀金属板制成。

(4) 方孔筛:孔径为 4.75 mm 的筛一只。

(5) 盛水容器:有溢流孔。

(6) 温度计、搪瓷盘、毛巾等。

2) 广口瓶法

(1) 鼓风干燥箱:能使温度控制在(105±5)℃。

(2) 天平:称量 2 kg,感量 1 g。

(3) 广口瓶:1 000 mL,磨口。

(4) 方孔筛:孔径为 4.75 mm 的筛一只。

(5) 玻璃片、温度计、搪瓷盘、毛巾等。

4.8.3 试验步骤

1) 液体比重天平法

(1) 按规定取样,并将试样缩分至略大于表 4-5 规定的数量,风干后筛除小于 4.75 mm 的颗粒,然后洗刷干净,分为大致相等的两份备用。

表 4-5 石子表观密度试验所需试样数量

最大粒径(mm)	<26.5	31.5	37.5	63.0	75.0
最少试样质量(kg)	2.0	3.0	4.0	6.0	6.0

(2) 将一份试样装入吊篮,并浸入盛水的容器内,水面至少高出试样表面 50 mm。浸泡 24 h 后,移放到称量用的盛水容器中,并用上下升降吊篮的方法排除气泡(试样不得露出水

面)。吊篮每升降一次约 1 s,升降高度为 30～50 mm。

(3) 测量水温后(此时吊篮应全浸在水中),称出吊篮及试样在水中的质量,精确至 5 g,称量时盛水容器中水面的高度由容器的溢水孔控制。

(4) 提起吊篮,将试样倒入搪瓷盘,在干燥箱中于 (105±5)℃ 下烘干至恒量,待冷却至室温后,称出其质量,精确至 5 g。

(5) 称出吊篮在同样温度水中的质量,精确至 5 g。称量时盛水容器的水面高度仍由容器的溢水孔控制。

2) 广口瓶法

本方法不宜用于测定最大粒径大于 37.5 mm 的碎石或卵石的表观密度。

(1) 按规定取样,并将试样缩分至略大于表 4-5 规定的数量,风干后筛除小于 4.75 mm 的颗粒,然后洗刷干净,分为大致相等的两份备用。

(2) 将试样浸水饱和,然后装入广口瓶中。装试样时,广口瓶应倾斜放置,注入饮用水,用玻璃片覆盖瓶口。以上下左右摇晃的方法排除气泡。

(3) 气泡排尽后,向瓶中添加饮用水,直至水面凸出瓶口边缘。然后用玻璃片沿瓶口迅速滑行,使其紧贴瓶口水面。擦干瓶外水分后,称出试样、水、瓶和玻璃片总质量,精确至 1 g。

(4) 将瓶中试样倒入搪瓷盘,放在干燥箱中于 (105±5)℃ 下烘干至恒量,待冷却至室温后,称出其质量,精确至 1 g。

(5) 将瓶洗净并重新注入饮用水,用玻璃片紧贴瓶口水面,擦干瓶外水分后,称出水、瓶和玻璃片总质量,精确至 1 g。

4.8.4　结果计算与评定

(1) 表观密度按下式计算,精确至 10 kg/m^3。

$$\rho_0 = \left(\frac{G_0}{G_0 + G_2 - G_1} - \alpha_t \right) \times \rho_w \tag{4-7}$$

式中:ρ_0——石子的表观密度(kg/m^3);

　　G_0——烘干后试样的质量(g);

　　G_1——吊篮及试样在水中的质量(液体比重天平法)或试样、水、瓶、玻璃片的总质量(广口瓶法)(g);

　　G_2——吊篮在水中的质量(液体比重天平法)或水、瓶、玻璃片的总质量(广口瓶法)(g);

　　ρ_w——水的密度(kg/m^3),可取 $1\,000 \text{ kg/m}^3$。

　　α_t——水温对表观密度影响的修正系数,见表 4-3。

(2) 表观密度取两次试验结果的算术平均值,如两次试验结果之差大于 20 kg/m^3,应重新试验。对颗粒材质不均匀的试样,如两次试验结果之差超过 20 kg/m^3,可取 4 次试验结果的算术平均值。

(3) 采用修约值比较法进行评定。

4.9　石子堆积密度与空隙率试验

4.9.1　试验目的

测定石子的堆积密度和空隙率,作为混凝土配合比设计的依据。

4.9.2　试验设备

(1) 天平:称量 10 kg,感量 10 g;称量 50 kg 或 100 kg,感量 50 g,各一台。
(2) 容量筒:容量筒规格按石子最大粒径依据表 4-6 选用。

表 4-6　容量筒的规格要求

最大粒径(mm)	容量筒容积(L)	容量筒规格(mm)		筒壁厚度(mm)
		内径	净高	
9.5,16.0,19.0,26.5	10	208	294	2
31.5,37.5	20	294	294	3
53.0,63.0,75.0	30	360	294	4

(3) 垫棒(直径 16 mm,长 600 mm 的圆钢)、直尺、小铲等。

4.9.3　试验步骤

(1) 按规定取样,烘干或风干后,拌匀并把试样分成大致相等的两份备用。

(2) 松散堆积密度测定。取试样一份,用小铲将试样从容量筒口中心上方 50 mm 处徐徐倒入,让试样以自由落体落下,当容量筒上部试样呈锥体,且容量筒四周溢满时,即停止加料。除去凸出容量口表面的颗粒,并以合适的颗粒填入凹陷部分,使表面稍凸起部分和凹陷部分的体积大致相等(试验过程应防止触动容量筒),称出试样和容量筒总质量。

(3) 紧密堆积密度测定。取试样一份分三次装入容量筒。装完第一层后,在筒底垫放一根直径为 16 mm 的圆钢,将筒按住,左右交替颠击地面各 25 次,再装入第二层,第二层装满后用同样方法颠实(但筒底所垫钢筋的方向与第一层时的方向垂直),然后装入第三层,第三层装满后用同样方法颠实(但筒底所垫钢筋的方向与第一层时的方向平行)。试样装填完毕,再加试样直至超过筒口,用钢尺沿筒口边缘刮去高出的试样,并用适合的颗粒填平凹陷部分,使表面稍凸起部分与凹陷部分的体积大致相等。称取试样和容量筒的总质量,精确至 10 g。

4.9.4 结果计算与评定

(1) 松散或紧密堆积密度按下式计算,精确至 10 kg/m³。

$$\rho_0' = \frac{G_1 - G_2}{V} \qquad (4-8)$$

式中:ρ_0'——松散堆积密度或紧密堆积密度(kg/m³);

G_1——容量筒和试样的总质量(g);

G_2——容量筒的质量(g);

V——容量筒的容积(L)。

(2) 空隙率按下式计算,精确至 1%。

$$P' = \left(1 - \frac{\rho_0'}{\rho_0}\right) \times 100\% \qquad (4-9)$$

式中:P'——空隙率(%);

ρ_0'——松散(或紧密)堆积密度(kg/m³);

ρ_0——表观密度(kg/m³)。

(3) 堆积密度取两次试验结果的算术平均值,精确至 10 kg/m³。空隙率取两次试验结果的算术平均值,精确至 1%。

(4) 采用修约值比较法进行评定。

4.10 石子压碎指标试验

4.10.1 试验目的

测定石子的压碎指标,评定石子的质量。

4.10.2 试验设备

(1) 压力试验机:量程 300 kN,示值相对误差 2%。

(2) 压碎指标测定仪(圆模):见图 4-4、图 4-5。

(3) 天平:称量 10 kg,感量 1 g。

(4) 方孔筛:孔径分别为 2.36 mm、9.50 mm 及 19.0 mm 的筛各一只。

(5) 垫棒:直径 10 mm、长 500 mm 的圆钢。

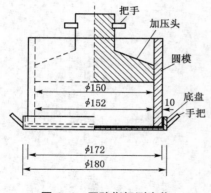

图 4-4　压碎指标测定仪　　　　图 4-5　石子压碎仪

4.10.3　试验步骤

(1) 按规定取样,风干后筛除大于 19.0 mm 及小于 9.50 mm 的颗粒,并去除针、片状颗粒,分为大致相等的三份备用。当试样中粒径在 9.50～19.0 mm 之间的颗粒不足时,允许将粒径大于 19.0 mm 的颗粒破碎成粒径在 9.50～19.0 mm 之间的颗粒用作压碎指标试验。

(2) 称取试样 3 000 g,精确至 1 g。将试样分两层装入圆模(置于底盘上)内,每装完一层试样后,在底盘下面垫放一直径为 10 mm 的圆钢,将筒按住,左右交替颠击地面各 25 次,两层颠实后,平整模内试样表面,盖上压头。当圆模装不下 3 000 g 试样时,以装至距圆模上口 10 mm 为准。

(3) 把装有试样的圆模置于压力试验机上,开动压力试验机,按 1 kN/s 速度均匀加荷至 200 kN 并稳荷 5 s,然后卸荷。取下加压头,倒出试样,用孔径 2.36 mm 的筛筛除被压碎的细粒,称出留在筛上的试样质量,精确至 1 g。

4.10.4　结果计算与评定

(1) 压碎指标按下式计算,精确至 0.1%。

$$Q_e = \frac{G_1 - G_2}{G_1} \times 100\% \tag{4-10}$$

式中:Q_e——压碎指标值(%);

G_1——试样的质量(g);

G_2——压碎试验后筛余的试样质量(g)。

(2) 压碎指标取 3 次试验结果的算术平均值,精确至 1%。

(3) 采用修约值比较法进行评定。

4.11 石子针、片状颗粒含量试验

4.11.1 试验目的

测定石子的针、片状颗粒含量,评定石子的质量。

4.11.2 试验设备

(1)针状归准仪与片状归准仪:见图 4-6、图 4-7。

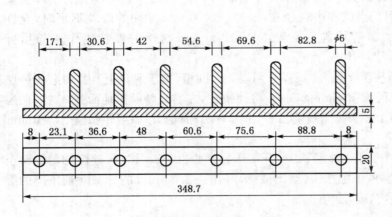

图 4-6 针状归准仪

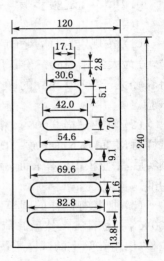

图 4-7 片状归准仪

(2)天平:称量 10 kg,感量 1 g。

(3)方孔筛:孔径为 4.75 mm、9.50 mm、16.0 mm、19.0 mm、26.5 mm、31.5 mm 及 37.5 mm 的筛各一个。

4.11.3 试验步骤

(1)按规定取样,并将试样缩分至略大于表 4-7 规定的数量,烘干或风干后备用。

表 4-7 针、片状颗粒含量试验所需试样数量

最大粒径(mm)	9.5	16.0	19.0	26.5	31.5	37.5	63.0	75.0
最少试样质量(kg)	0.3	1.0	2.0	3.0	5.0	10.0	10.0	10.0

(2)据试样的最大粒径,按表 4-7 的规定称取试样一份,精确到 1 g,然后按表 4-8 规定的

粒级对石子进行筛分。

表4-8　针、片状颗粒含量试验的粒级划分及其相应的规准仪孔宽或间距　　（单位：mm）

石子粒级	4.75~9.50	9.50~16.0	16.0~19.0	19.0~26.5	26.5~31.5	31.5~37.5
片状规准仪相对应孔宽	2.8	5.1	7.0	9.1	11.6	13.8
针状规准仪相对应间距	17.1	30.6	42.0	54.6	69.6	82.8

（3）表4-8规定的粒级分别用规准仪逐粒检验，凡颗粒长度大于针状规准仪上相应间距者，为针状颗粒；颗粒厚度小于片状规准仪上相应孔宽者，为片状颗粒。称出针状颗粒和片状颗粒的总质量，精确至1 g。

（4）粒径大于37.5 mm的碎石或卵石可用卡尺检验针、片状颗粒，卡尺卡口的设定宽度应符合表4-9的规定。

表4-9　大于37.5 mm颗粒针、片状颗粒含量的粒级划分及其相应的卡尺卡口设定宽度

（单位：mm）

石子粒级	37.5~53.0	53.0~63.0	63.0~75.0	75.0~90.0
检验片状颗粒的卡尺卡口设定宽度	18.1	23.2	27.6	33.0
检验针状颗粒的卡尺卡口设定宽度	108.6	139.2	165.6	198.0

4.11.4　结果计算与评定

（1）针、片状颗粒含量按下式计算，精确至1%。

$$Q_c = \frac{G_2}{G_1} \times 100\% \qquad (4-11)$$

式中：Q_c——针、片状颗粒含量（%）；

　　　G_1——试样的质量（g）；

　　　G_2——试样中所含针、片状颗粒的总质量（g）。

（2）采用修约值比较法进行评定。

课后思考题

1. 在进行砂的质量检验时，主要考虑哪几个方面的内容？

2. 在进行堆积密度试验时，为什么对装料高度有一定限制？

3. 在颗粒级配试验中，当某一筛样上的分计筛余量超过200 g时，应如何处理？

骨料试验报告

（以细骨料为例）

组别＿＿＿＿＿＿＿＿＿＿＿＿ 同组试验者＿＿＿＿＿＿＿＿＿＿＿＿＿＿＿＿＿

日期＿＿＿＿＿＿＿＿＿＿＿＿ 指导老师＿＿＿＿＿＿＿＿＿＿＿＿＿＿＿＿＿

一、试验目的

二、试验记录与计算

1. 砂的表观密度测定

测试次数	干砂质量（g）	瓶＋水＋砂的质量（g）	瓶＋水的质量（g）	表观密度（g/cm³）	表观密度平均值（g/cm³）
1					
2					

2. 砂的堆积密度测定与空隙率计算

测试次数	容积升体积（L）	容积升质量（kg）	容积升＋砂的质量（kg）	砂质量（kg）	堆积密度（kg/cm³）	堆积密度平均值（kg/cm³）	空隙率（%）
1							
2							

3. 砂的颗粒级配试验

筛孔尺寸（mm）	分计筛余		累计筛余百分率 A_i（%）	细度模数计算
	筛余量 m_i（g）	百分率 a_i（%）		
10.0				
5.0				
2.50				

续表

| 筛孔尺寸 (mm) | 分计筛余 | | 累计筛余 百分率 A_i（%） | 细度模数计算 |
	筛余量 m_i（g）	百分率 a_i（%）		
1.25				
0.63				
0.315				$\mu_f = \dfrac{(A_2 + \cdots + A_6) - 5A_1}{100 - A_1} =$
0.16				
< 0.16				
$\sum$				

| 结果评定 （打√） | 砂型 | | | | | 级配区 | | | |
	特粗砂	粗砂	中砂	细砂	特细砂	Ⅰ区	Ⅱ区	Ⅲ区	其他

绘制砂的级配曲线（需绘出Ⅰ、Ⅱ、Ⅲ级配区的标准范围）。

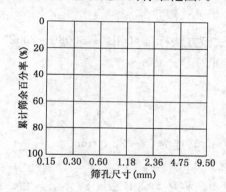

4. 砂的含泥量和泥块含量试验

| 试验 编号 | 含泥量测定 | | | | | 泥块含量测定 | | | |
	试验前试样 质量 （g）	试验后试样 质量 （g）	含泥量 （%）	含泥量 平均值 （%）	试验前试样 质量 （g）	试验后试样 质量 （g）	泥块含量 （%）	泥块含量 平均值 （%）
1								
2								

三、分析与讨论

5 普通混凝土试验

5.1 水泥混凝土拌合物的拌合与现场取样

5.1.1 试验依据

《普通混凝土拌合物性能试验方法标准》(GB/T 50080—2002)、《普通混凝土力学性能试验方法标准》(GB/T 50081—2002)等。

5.1.2 试验设备

(1) 搅拌机：容量 50～100 L,转速为 18～22 r/min。

(2) 拌合板(盘)：1.5 m×2.0 m。

(3) 天平：称量 5 kg,感量 1 g;称量 50 kg,感量 50 g,各一台。

(4) 拌合铲、盛器、抹布等。

5.1.3 试验室试样制备

按所选混凝土配合比备料。拌合时试验室温度应保持在 (20±5)℃,所用材料的温度与试验室温度保持一致。

1) 人工拌合

(1) 干拌。拌合前应将拌合板及拌合铲清洗干净,并保持表面润湿。将砂平摊在拌合板上,再倒入水泥,用铲自拌合板一端翻拌至另一端,重复几次直至拌匀;加入石子,再翻拌至少三次至均匀为止。

(2) 湿拌。将混合均匀的干料堆成锥形,将中间扒成凹坑,倒入已称量好的水(外加剂一般先溶于水),小心拌合,至少翻拌六次,每翻拌一次后,用铁铲将全部拌合物铲切一次,直至拌合均匀。

(3) 拌合时间控制。拌合从加水完毕时算起,应在 10 min 内完成。

2）机械拌合

（1）预拌。拌合前应将搅拌机冲洗干净,并预拌少量同种混凝土拌合物或水胶比相同的砂浆,使搅拌机内壁挂浆后将剩余料卸出。

（2）拌合。将称好的石料、胶凝材料、砂料、水(外加剂一般先溶于水)依次加入搅拌机,开动搅拌机搅拌 2～3 min。

（3）将拌好的混凝土拌合物卸在拌合板上,刮出黏结在搅拌机上的拌合物,用人工翻拌 2～3 次,使之均匀。

（4）材料用量以质量计。称量精度:水泥、掺合料、水和外加剂为 ±0.5%;骨料为 ±1%。

5.1.4　现场取样

（1）同一组混凝土拌合物的取样应从同一盘混凝土或同一车混凝土中取样。取样量应多于试验所需量的 1.5 倍,且宜不少于 20 L。

（2）混凝土拌合物的取样应具有代表性,宜采用多次采样的方法。一般在同一盘混凝土或同一车混凝土中的约 1/4 处、1/2 处和 3/4 处之间分别取样,从第一次取样到最后一次取样不宜超过 15 min,然后人工搅拌均匀。

（3）从取样完毕到开始做各项性能试验不宜超过 5 min。

5.2　混凝土拌合物和易性试验

5.2.1　试验目的

测定混凝土拌合物的和易性,为混凝土配合比设计、混凝土拌合物质量评定提供依据。

5.2.2　仪器设备

1）坍落度与坍落扩展度法

（1）坍落度筒:为底部内径 (200±2)mm、顶部内径 (100±2)mm、高度 (300±2)mm 的截圆锥形金属筒,内壁必须光滑,如图 5-1、图 5-2 所示。

（2）捣棒:直径 16 mm、长 650 mm 的钢棒,端部应磨圆。

（3）小铲、钢尺、漏斗、抹刀等。

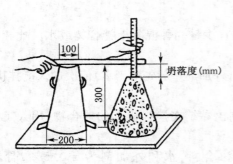

图 5-1 坍落度测量示意图

图 5-2 坍落度筒

2）维勃稠度法

（1）维勃稠度仪：由振动台、容器、旋转架、坍落度筒四部分组成，如图 5-3、图 5-4 所示。

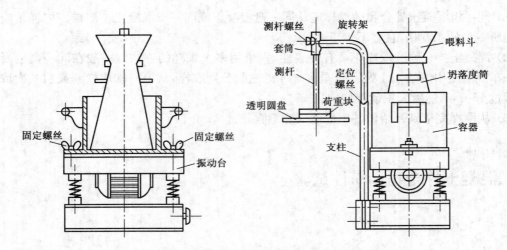

图 5-3 混凝土拌合物维勃稠度测定仪构造

图 5-4 维勃稠度仪

（2）其他，同坍落度法。

5.2.3 试验步骤

1）坍落度与坍落扩展度法

本方法适用于骨料最大粒径不大于 40 mm、坍落度值不小于 10 mm 的混凝土拌合物稠度测定。

（1）润湿坍落度筒及底板，在坍落度筒内壁和底板上应无明水。底板应放置在坚实水平面上，并把筒放在底板中心，然后用脚踩住两边的脚踏板，使坍落度筒在装料时保持位置固定。

（2）把按要求取样或制作的混凝土拌合物用小铲分三层均匀地装入筒内，使捣实后每层高度为筒高的 1/3 左右。每层用捣棒插捣 25 次，插捣应沿螺旋方向由外向中心进行，各次插捣应在截面上均匀分布。插捣筒边混凝土时，捣棒可以稍稍倾斜。插捣底层时，捣棒应贯穿整个深度；插捣第二层和顶层时，捣棒应插透本层至下一层的表面；浇灌顶层时，混凝土应灌到高出筒口。插捣过程中，如混凝土沉落到低于筒口，则应随时添加。顶层插捣完毕后，刮去多余的混凝土，并用抹刀抹平。

（3）清除筒边底板上的混凝土后，垂直平稳地提起坍落度筒。坍落度筒的提离过程应在 5～10 s 内完成；从开始装料到提起坍落度筒的整个过程应不间断地进行，并应在 150 s 内完成。

（4）提起坍落度筒后，测量筒高与坍落后混凝土试体最高点之间的高度差，即为该混凝土拌合物的坍落度值。坍落度筒提离后，如混凝土发生崩坍或一边剪坏现象，则应重新取样另行测定；如第二次试验仍出现上述现象，则表示该混凝土和易性不好，应予记录备查。

（5）观察坍落后的混凝土试体的黏聚性及保水性。黏聚性的检查方法是用捣棒在已坍落的混凝土锥体侧面轻轻敲打，此时如果锥体逐渐下沉，则表示黏聚性良好；如果锥体倒塌、部分崩裂或出现离析现象，则表示黏聚性不好。保水性以混凝土拌合物稀浆析出的程度来评定，坍落度筒提起后如有较多的稀浆从底部析出，锥体部分的混凝土也因失浆而骨料外露，则表明此混凝土拌合物的保水性不好；如坍落度筒提起后无稀浆或仅有少量稀浆自底部析出，则表示此混凝土拌合物的保水性良好。

（6）当混凝土拌合物的坍落度大于 220 mm 时，用钢尺测量混凝土扩展后最终的最大直径和最小直径，在这两个直径之差小于 50 mm 的条件下，用其算术平均值作为坍落扩展度值；否则，此次试验无效。

如果发现粗骨料在中央集堆或边缘有水泥浆析出，表示此混凝土拌合物抗离析性不好，应予记录。

（7）混凝土拌合物坍落度和坍落扩展度值以"mm"为单位，测量精确至 1 mm，结果表达修约至 5 mm。

2）维勃稠度法

本方法适用于骨料最大粒径不大于 40 mm，维勃稠度在 5～30 s 之间的混凝土拌合物稠度测定。

（1）将维勃稠度仪放置在坚实水平的地面上，用湿布把容器、坍落度筒、喂料斗内壁及其他用具润湿。

（2）将喂料斗提到坍落度筒上方扣紧，校正容器位置，使其中心与喂料中心重合，然后拧紧固定螺丝。

（3）把按要求取样或制作的混凝土拌合物用小铲分三层经喂料斗装入坍落度筒内，装料及插捣的方法同坍落度法。

（4）把喂料斗转离，垂直地提起坍落度筒，此时应注意不应使混凝土试体产生横向的扭动。

（5）把透明圆盘转到混凝土圆台体顶面，放松测杆螺丝，降下圆盘，使其轻轻地接触到混凝土顶面。

（6）拧紧定位螺丝，并检查测杆螺丝是否已完全放松。

（7）在开启振动台的同时用秒表计时，当振动到透明圆盘的底面被水泥浆布满的瞬间停止计时，并关闭振动台。由秒表读出的时间(s)即为该混凝土拌合物的维勃稠度值，精确至 1 s。

5.3　混凝土拌合物表观密度试验

5.3.1　试验目的

测定混凝土拌合物的表观密度，以便计算 1 m³ 混凝土的实际材料用量。

5.3.2　试验设备

（1）容量筒：金属制成的圆筒，对骨料最大粒径不大于 40 mm 的拌合物采用容积为 5 L 的容量筒，其内径与内高均为（186±2）mm，筒壁厚为 3 mm；骨料最大粒径大于 40 mm 时，容量筒的内径与内高均应大于骨料最大粒径的 4 倍。容量筒上缘及内壁应光滑平整，顶面与底面应平行并与圆柱体的轴垂直。

（2）天平：称量 50 kg，感量 50 g。

（3）捣棒、小铲、金属直尺、振动台等。

5.3.3　试验步骤

（1）用湿布把容量筒内外擦干净，称出容量筒质量，精确至 50 g。

（2）混凝土的装料及捣实方法应根据拌合物的稠度而定。坍落度不大于 70 mm 的混凝土，用振动台振实为宜；大于 70 mm 的用捣棒捣实为宜。

采用捣棒捣实时，应根据容量筒的大小决定分层与插捣次数：用 5 L 容量筒时，混凝土拌合物应分两层装入，每层的插捣次数应为 25 次；用大于 5 L 的容量筒时，每层混凝土的高度不应大于 100 mm，每层插捣次数应按每 10 000 mm² 截面不小于 12 次计算。各次插捣应由边缘向中心均匀地插捣，插捣底层时捣棒应贯穿整个深度，插捣第二层时，捣棒应插透本层至下一层的表面；每一层捣完后用橡皮锤轻轻沿容器外壁敲打 5～10 次，进行振实，直至拌合物表面插捣孔消失并不见大气泡为止。

采用振动台振实时，应一次将混凝土拌合物灌到高出容量筒口。装料时可用捣棒稍加插捣，振动过程中如混凝土低于筒口，应随时添加混凝土，振动至表面出浆为止。

（3）用金属直尺沿筒口将多余的混凝土拌合物刮去，表面如有凹陷应填平。将容量筒外壁擦净，称出混凝土试样与容量筒的总质量，精确至 50 g。

5.3.4　结果计算与评定

混凝土拌合物表观密度按下式计算，精确至 10 kg/m³。

$$\rho_{\mathrm{h}} = \left(\frac{m_2 - m_1}{V}\right) \times 1\,000 \tag{5-1}$$

式中：ρ_{h}——表观密度(kg/m³)；

m_1——容量筒质量(kg)；

m_2——容量筒与试样总质量(kg)；

V——容量筒容积(L)。

5.4　混凝土立方体抗压强度试验

5.4.1　试验目的

测定混凝土立方体抗压强度，评定混凝土的质量。

5.4.2　试验设备

（1）压力试验机：精度不低于±1％，试件破坏荷载应大于压力机全量程的 20％且小于压力机全量程的 80％。试验机应具有加荷速度指示装置或加荷速度控制装置，并应能均匀、连续地加荷。

（2）试模：应符合《混凝土试模》(JG 237—2008)的规定，由铸铁、钢或工程塑料制成，应具有足够的刚度并拆装方便。

（3）捣棒、振动台、养护室、抹刀、金属直尺等。

5.4.3　试验步骤

1）试件制作

（1）混凝土抗压强度试验以三个试件为一组，每一组试件所用的混凝土拌合物应从同一盘或同一车运输的混凝土中取出,或在试验室拌制。

(2)制作试件前,应先检查试模,拧紧螺栓并清刷干净,并在试模的内表面涂一薄层矿物油脂或其他不与混凝土发生反应的脱膜剂。

(3)取样或试验室拌制的混凝土应在拌制后尽量短的时间内成型,一般不宜超过 15 min。成型前,应将混凝土拌合物至少用铁锹再来回翻拌三次。

(4)试件成型方法应根据混凝土拌合物的稠度和施工方法而定。坍落度不大于 70 mm 的混凝土宜用振动台振实;大于 70 mm 的宜用捣棒人工捣实;检验现浇混凝土或预制构件的混凝土,试件成型方法宜与实际采用的方法相同。

振动台振实成型。将混凝土拌合物一次装入试模,装料时应用抹刀沿各试模壁插捣,并使混凝土拌合物高出试模口,然后将试模放在振动台上。开动振动台,振动至表面出浆为止,不得过振。

人工捣实成型。将混凝土拌合物分两层装入试模,每层的装料厚度大致相等。每装一层进行插捣,每层插捣次数应按每 10 000 mm² 截面不小于 12 次,插捣应按螺旋方向从边缘向中心均匀进行。在插捣底层混凝土时,捣棒应达到试模底部;插捣上层时,捣棒应贯穿上层后插入下层 20~30 mm;插捣时捣棒应保持垂直,不得倾斜。然后用抹刀沿试模内壁插拔数次。插捣后用橡皮锤轻轻敲击试模四周,直至拌合物表面插捣孔消失为止。

插入式振捣棒振实成型。将混凝土拌合物一次装入试模,装料时应用抹刀沿各试模壁插捣,并使混凝土拌合物高出试模口。宜用直径为 $\phi 25$ mm 的插入式振捣棒,插入试模振捣时,振捣棒距试模底板 10~20 mm 且不得触及试模底板,振动应持续到表面出浆为止,且应避免过振,以防止混凝土离析,一般振捣时间为 20 s。振捣棒拔出时要缓慢,拔出后不得留有孔洞。

(5)振实(或捣实)后,用金属直尺刮除试模上口多余的混凝土,待混凝土临近初凝时,用抹刀抹平。

2)试件养护

(1)试件成型后应立即用不透水的薄膜覆盖表面。

(2)采用标准养护的试件,应在温度为 $(20 \pm 5)℃$ 环境中静置一昼夜至两昼夜,然后编号、拆模。拆模后的试件应立即放在温度为 $(20 \pm 2)℃$、相对湿度为 95% 以上的标准养护室内养护,或在温度为 $(20 \pm 2)℃$ 的不流动的 $Ca(OH)_2$ 饱和溶液中养护。标准养护室内的试件应放在支架上,彼此间隔为 10~20 mm,试件表面应保持潮湿,并不得用水直接冲淋。

(3)同条件养护试件的拆模时间可与实际构件的拆模时间相同,拆模后,试件仍需保持同条件养护。

(4)标准养护龄期为 28 d(从搅拌加水开始计时)。

3)抗压强度试验

(1)试件从养护地点取出后应及时进行试验,将试件表面与上下承压板面擦干净。

(2)将试件安放在压力机的下压板或垫块上,试件的承压面应与成型时的顶面垂直。试件的中心应与试验机下压板中心对准。开动试验机,当上压板与试件或钢垫板接近时,调整球座,使接触均衡。

(3)在试验过程中应连续均匀地加荷。加荷速度为:混凝土强度等级 <C30 时,为 0.3~0.5 MPa/s;混凝土强度等级 ≥C30 且 <C60 时,为 0.5~0.8 MPa/s;混凝土强度等级 ≥C60

时,为 0.8 ～ 1.0 MPa/s。

（4）当试件接近破坏开始急剧变形时,应停止调整试验机油门,直至试件破坏。然后记录破坏荷载。

5.4.4　结果计算与评定

（1）混凝土立方体抗压强度按下式计算,精确至 0.1 MPa。

$$f_{cu} = \frac{P}{A} \tag{5-2}$$

式中：f_{cu}——混凝土立方体试件抗压强度（MPa）；

P——试件破坏荷载（N）；

A——试件承压面积（mm²）。

（2）以三个试件测值的算术平均值作为该组试件的抗压强度值。三个测值中的最大值或最小值中,如有一个与中间值的差值超过中间值的 15% 时,则把最大值及最小值一并舍去,取中间值作为该组试件的抗压强度值；如最大值和最小值与中间值的差值均超过中间值的 15%,则该组试件的试验结果无效。

（3）混凝土强度等级 ＜C60 时,用非标准试件测得的强度值均应乘以尺寸换算系数；当混凝土强度等级 ≥C60 时,宜采用标准试件。使用非标准试件时,尺寸换算系数应由试验确定。

课后思考题

1. 混凝土拌合物和易性包括哪些方面？目前可以进行定量测量的是什么内容？

2. 当混凝土拌合物坍落度太大或太小时应如何调整？调整时应注意什么事项？

3. 坍落度法和维勃稠度法的使用条件分别是什么？

普通混凝土试验

组别＿＿＿＿＿＿＿＿＿＿＿＿　　同组试验者＿＿＿＿＿＿＿＿＿＿＿＿＿＿＿＿

日期＿＿＿＿＿＿＿＿＿＿＿＿　　指导老师＿＿＿＿＿＿＿＿＿＿＿＿＿＿＿＿＿

一、试验目的

二、试验记录与计算

1. 试拌材料状况

水泥	品种		出厂日期	
	标号		密度(g/cm³)	
细骨料	细度模数		堆积密度(g/cm³)	
	级配情况		空隙率(%)	
	表观密度(g/cm³)		含水率(%)	
粗骨料	最大粒径(mm)		堆积密度(g/cm³)	
	级配情况		空隙率(%)	
	表观密度(g/cm³)		含水率(%)	
拌合水				

2. 混凝土拌合物表观密度测定

测试次数	容量筒容积（L）	容量筒质量（kg）	容量筒＋混凝土质量（kg）	拌合物质量（kg）	表观密度	
					测试值	平均值
1						
2						

3. 混凝土拌合物和易性试验

流动性测量（坍落度法或维勃稠度法）		黏聚性评价	保水性评价	和易性综合评价
坍落度值（mm）	维勃稠度值（s）			

三、分析与讨论

6 砂浆试验

6.1 砂浆试样的制备与现场取样

6.1.1 试验依据

《建筑砂浆基本性能试验方法标准》(JGJ/T 70—2009)。

6.1.2 取样方法

(1) 建筑砂浆试验用料应根据不同要求,从同一盘砂浆或同一车砂浆中取样。取样量应不少于试验所需量的 4 倍。

(2) 在施工过程中取样进行砂浆试验时,砂浆取样方法按相应的施工验收规范执行,并宜在现场搅拌点或预拌砂浆卸料点的至少 3 个不同部位及时取样。对于现场取得的试样,试验前应人工搅拌均匀。

(3) 从取样完毕到开始进行各项性能试验,不宜超过 15 min。

6.1.3 试样的制备

(1) 在试验室制备砂浆试样时,所用材料应提前 24 h 运入室内。拌合时,试验室的温度应保持在 (20±5)℃。当需要模拟施工条件下所用的砂浆时,所用原材料的温度宜与施工现场一致。

(2) 试验所用原材料应与现场使用材料一致。砂应通过 4.75 mm 的筛。

(3) 试验室拌制砂浆时,材料用量应以质量计。称量精度:水泥、外加剂、掺合料等为 ±0.5%;砂为 ±1%。

(4) 在试验室搅拌砂浆时应采用机械搅拌,搅拌量宜为搅拌机容量的 30%～70%,搅拌时间不应少于 120 s。掺有掺合料和外加剂的砂浆,其搅拌时间不应少于 180 s。

6.2 砂浆稠度试验

6.2.1 试验目的

检验砂浆配合比或施工过程中控制砂浆的稠度,以达到控制用水量的目的。

6.2.2 试验设备

(1)砂浆稠度仪:如图 6-1、图 6-2 所示,由试锥、容器和支座三部分组成。试锥高度为 145 mm,锥底直径为 75 mm,试锥连同滑杆的质量应为(300±2)g;盛浆容器的筒高为 180 mm,锥底内径为 150 mm;支座包括底座、支架及刻度显示三个部分。

(2)钢制捣棒:直径 10 mm,长 350 mm,端部磨圆。

(3)磅秤:称量 50 kg,精度 50 g;台秤(称量 10 kg,精度 5 g)。

(4)铁板:拌合用,面积 1.5 m×2 m,厚 3 mm。

(5)砂浆搅拌机(图 6-3)、拌铲、量筒、盛器、秒表等。

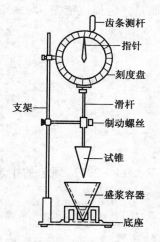

图 6-1 砂浆稠度测定仪构造

图 6-2 砂浆稠度测定仪

图 6-3 砂浆搅拌机

6.2.3 试验步骤

(1)先用少量润滑油轻擦滑杆,再将滑杆上多余的油用吸油纸擦净,使滑杆能自由滑动。

(2)先用湿布擦净盛浆容器和试锥表面,再将砂浆拌合物一次装入容器,使砂浆表面约低于容器口 10 mm 左右。用捣棒自容器中心向边缘均匀地插捣 25 次,然后轻轻地将容器摇动或敲击 5～6 下,使砂浆表面平整,然后将容器置于稠度测定仪的底座上。

(3)拧开制动螺丝,向下移动滑杆,当试锥尖端与砂浆表面刚接触时,拧紧制动螺丝,使齿条测杆下端刚接触滑杆上端,并将指针对准零点。

(4)拧开制动螺丝,同时计时间,10 s 时立即拧紧螺丝,将齿条测杆下端接触滑杆上端,从刻度盘上读出下沉深度(精确至 1 mm),即为砂浆的稠度值。

(5)盛浆容器内的砂浆,只允许测定一次稠度,重复测定时,应重新取样测定。

6.2.4　结果计算与评定

(1)取两次试验结果的算术平均值,精确至 1 mm。

(2)如两次试验值之差大于 10 mm,应重新取样测定。

6.3　砂浆保水性试验

6.3.1　试验目的

测定砂浆拌合物的保水性,为砂浆配合比设计、砂浆拌合物质量评定提供依据。

6.3.2　试验设备

(1)金属或硬塑料圆环试模:内径 100 mm,内部高度 25 mm。

(2)可密封的取样容器:应清洁、干燥。

(3)2 kg 的重物。

(4)金属滤网:网格尺寸 45 μm,圆形,直径为 (110±1)mm。

(5)超白滤纸:应采用现行国家标准《化学分析滤纸》(GB/T 1914—2007)规定的中速定性滤纸,直径应为 110 mm,单位面积质量应为 200 g/m²。

(6)2 片金属或玻璃的方形或圆形不透水片,边长或直径应大于 110 mm。

(7)天平:量程 200 g,感量为 0.1 g;量程 2 000 g,感量为 1 g,各一台。

(8)干燥箱。

6.3.3　试验步骤

(1)称量底部不透水片与干燥试模质量 m_1 和 15 片中速定性滤纸质量 m_2。

(2)将砂浆拌合物一次性填入试模,并用抹刀插捣数次,当装入的砂浆略高于试模边缘时,用抹刀以 45°角一次性将试模表面多余的砂浆刮去,然后再用抹刀以较平的角度在试模表面反方向将砂浆刮平。

（3）抹掉试模边的砂浆，称量试模、底部不透水片与砂浆总质量 m_3。

（4）用金属滤网覆盖在砂浆表面，再在滤网表面放上 15 片滤纸，用上部不透水片盖在滤纸表面，以 2 kg 的重物把上部不透水片压住。

（5）静置 2 min 后移走重物及上部不透水片，取出滤纸（不包括滤网），迅速称量滤纸质量 m_4。

（6）按照砂浆的配比及加水量计算砂浆的含水率。当无法计算时，可按下面的规定测定砂浆的含水率。

测定砂浆含水率时，应称取（100±10）g 砂浆拌合物试样，置于一干燥并已称重的盘中，在（105±5）℃ 的干燥箱中烘干至恒重，砂浆含水率应按下式计算，并精确至 0.1%。

$$\alpha = \frac{m_6 - m_5}{m_6} \times 100\% \tag{6-1}$$

式中：α——砂浆含水率(%)；

m_5——烘干后砂浆样本的质量(g)，精确至 1 g；

m_6——砂浆样本的总质量(g)，精确至 1 g。

取两次试验结果的算术平均值作为砂浆的含水率，精确至 0.1%。当两个测定值之差超过 2% 时，此组试验结果无效。

6.3.4　结果计算与评定

砂浆保水性应按下式计算：

$$W = \left[1 - \frac{m_4 - m_2}{\alpha \times (m_3 - m_1)}\right] \times 100\% \tag{6-2}$$

式中：W——保水性(%)；

m_1——底部不透水片与干燥试模质量(g)，精确至 1 g；

m_2——15 片滤纸吸水前的质量(g)，精确至 0.1 g；

m_3——试模、底部不透水片与砂浆总质量(g)，精确至 1 g；

m_4——15 片滤纸吸水后的质量(g)，精确至 0.1 g；

α——砂浆含水率(%)。

取两次试验结果的算术平均值作为砂浆的保水率，精确至 0.1%，且第二次试验应重新取样测定。当两个测定值之差超过 2% 时，此组试验结果无效。

6.4　砂浆分层度试验

6.4.1　试验目的

测定砂浆拌合物的分层度，以确定在运输及停放时砂浆拌合物的稳定性。

6.4.2 试验设备

(1) 砂浆分层度测定仪:如图 6-4 所示,由上、下两层金属圆筒及左、右两根连接螺栓组成。圆筒内径为 150 mm,上节高度为 200 mm,下节带底净高为 100 mm。上、下层连接处需加宽到 3～5 mm,并设有橡胶垫圈。

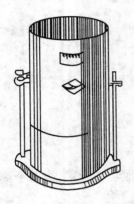
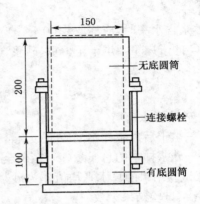

图 6-4　砂浆分层度测定仪

(2) 振动台:如图 6-5 所示,振幅为 (0.5 ± 0.05) mm,频率为 (50 ± 3) Hz。

图 6-5　水泥砂浆振动台

(3) 砂浆稠度仪、木锤等。

6.4.3 试验步骤

分层度的测定可采用标准法和快速法。当发生争议时,应以标准法的测定结果为准。

1) 标准法

(1) 首先按稠度检测方法测定砂浆拌合物的稠度(沉入度)K_1。

(2) 将砂浆拌合物一次装入分层度筒内,待装满后,用木锤在容器周围距离大致相等的 4 个不同部位分别轻轻敲击 1～2 下,当砂浆沉落到低于筒口时,应随时添加,然后刮去多余砂浆并用抹刀抹平。

(3) 静置 30 min 后,去掉上节 200 mm 砂浆,然后将剩余的 100 mm 砂浆倒在拌合锅内拌 2 min,再按上述稠度检测方法测其稠度 K_2。

2）快速法

（1）首先按稠度检测方法测定砂浆拌合物的稠度（沉入度）K_1。

（2）将分层度筒预先固定在振动台上，砂浆一次装入分层度筒内，振动 20 s。

（3）去掉上节 200 mm 砂浆，剩余 100 mm 砂浆倒出放在拌合锅内拌 2 min，再按稠度检测方法测其稠度 K_2。

6.4.4 结果计算与评定

（1）前后两次测得的稠度之差，为砂浆分层度值，即 $\Delta = K_1 - K_2$。

（2）取两次试验结果的算术平均值作为该砂浆的分层度值，精确至 1 mm。

（3）两次分层度试验值之差如果大于 10 mm，应重新取样测定。

6.5 砂浆立方体抗压强度试验

6.5.1 试验目的

检测砂浆立方体抗压强度是否满足工程要求。

6.5.2 试验设备

（1）试模：如图 6-6 所示，为 70.7 mm×70.7 mm×70.7 mm 的带底试模，应符合现行行业标准《混凝土试模》（JG 237—2008）的规定，应具有足够的刚度并拆装方便。试模内表面应机械加工，其不平度应为每 100 mm 不超过 0.05 mm，组装后各相邻面的不垂直度不应超过 ±0.5°。

图 6-6 砂浆三联试模

（2）压力试验机：如图 6-7 所示，精度应为 1%，试件破坏荷载应不小于压力试验机量程的 20%，且不应大于全量程的 80%。

图 6-7　压力试验机

（3）振动台、捣棒、垫板等。

6.5.3　试验步骤

1）试件制作及养护

（1）采用立方体试件，每组试件 3 个。

（2）应采用黄油等密封材料涂抹试模的外接缝，试模内应涂刷薄层机油或脱膜剂。将拌制好的砂浆一次性装满砂浆试模，成型方法根据稠度而定。当稠度大于 50 mm 时，宜采用人工插捣成型；当稠度不大于 50 mm 时，宜采用振动台振实成型。

人工插捣：应采用捣棒均匀地由边缘向中心按螺旋方式插捣 25 次，插捣过程中当砂浆沉落低于试模口时，应随时添加砂浆，可用油灰刀插捣数次，并用手将试模一边抬高 5～10 mm 各振动 5 次，砂浆应高出试模顶面 6～8 mm。

机械振动：将砂浆一次性装满试模，放置到振动台上振动时试模不得跳动，振动 5～10 s 或持续到表面出浆为止，不得过振。

（3）待表面水分稍干后，将高出试模部分的砂浆沿试模顶面刮去并抹平。

（4）试件制作后，应在温度为（20±5）℃的环境下静置（24±2）h，对试件进行编号、拆模。当气温较低时，或者凝结时间大于 24 h 的砂浆，可适当延长时间，但不应超过 2 d。试件拆模后应立即放入温度为（20±2）℃，相对湿度为 90％以上的标准养护室中养护。养护期间，试件彼此间隔不得小于 10 mm，混合砂浆、湿拌砂浆试件上表面应覆盖，以防有水滴在试件上。

2）抗压强度试验

（1）试件从养护地点取出后，应及时进行试验。试验前将试件表面擦拭干净，测量尺寸，检查其外观，并应计算试件的承压面积。当实测尺寸与公称尺寸之差不超过 1 mm，可按公称尺寸进行计算。

（2）将试件安放在试验机的下压板（或下垫板）上，试件的承压面应与成型时的顶面垂直，试件的中心应与试验机下压板（或下垫板）中心对准。开动试验机，当上压板与试件或上垫板接近时,调整球座,使接触面均衡受压。承压试验应连续而均匀地加荷,加荷速度应为 0.25~1.5 kN/s;砂浆强度不大于 2.5 MPa 时,宜取下限。当试件接近破坏而开始迅速变形时,停止调整试验机油门,直至试件破坏,然后记录破坏荷载。

6.5.4 结果计算与评定

(1) 砂浆立方体抗压强度按下式计算,精确至 0.1 MPa。

$$f_{m,cu} = K\frac{P}{A} \tag{6-3}$$

式中:$f_{m,cu}$——砂浆立方体试件抗压强度(MPa);

    P——试件破坏荷载(N);

    A——试件承压面积(mm^2);

    K——换算系数,取 1.35。

(2) 应以三个试件测值的算术平均值作为该组试件的砂浆立方体抗压强度平均值,精确至 0.1 MPa。

(3) 当三个测值的最大值或最小值中有一个与中间值的差值超过中间值的 15% 时,应把最大值及最小值一并舍去,取中间值作为该组试件的抗压强度值。

(4) 当最大值和最小值与中间值的差值均超过中间值的 15% 时,该组试验结果应为无效。

课后思考题

1. 砂浆的和易性内容与混凝土拌合物和易性内容有何不同?

2. 进行砂浆分层度试验时,静置时间对试验结果有何影响?

3. 测定砌筑砂浆抗压强度时,为何要用无底试模?测定强度的数据如何处理?

砂浆试验报告

组别＿＿＿＿＿＿＿＿＿＿＿　　同组试验者＿＿＿＿＿＿＿＿＿＿＿＿＿＿＿

日期＿＿＿＿＿＿＿＿＿＿＿　　指导老师＿＿＿＿＿＿＿＿＿＿＿＿＿＿＿

一、试验目的

二、试验记录与计算

1. 设计要求

砂浆强度等级	砂浆沉入度（cm）	初步配合比	每立方米砂浆各材料用量（kg）		
		水泥：砂：水	水泥	砂	拌合水

2. 工作性测定与调整

试拌砂浆量＿＿＿＿＿＿L；各材料用量：水泥＿＿＿＿＿＿kg，石灰膏＿＿＿＿＿＿kg，砂＿＿＿＿＿＿kg。

（1）稠度

加水量	沉入度（cm）			备注
	第一次测试	第二次测试	平均值	

（2）分层度

初始沉入度（cm）	30 min 时沉入度（cm）	分层度（cm）

3. 抗压强度测定

试件编号	试件尺寸(mm)		受压面积（mm²）	破坏荷载（N）	抗压强度测试值（MPa）	抗压强度平均值（MPa）
	a	b				
1						
2						
3						
4						
5						
6						

注：试件养护温度_____，养护湿度_____，养护龄期_____

三、分析与讨论

7

砌筑材料试验

7.1 烧结砖的取样

7.1.1 试验依据

《砌墙砖试验方法》(GB/T 2542—2012)、《烧结普通砖》(GB 5101—2003)、《烧结多孔砖和多孔砌块》(GB 13544—2011)、《烧结空心砖和空心砌块》(GB 13545—2011)。

7.1.2 取样方法

烧结砖以 3.5 万～15 万块为一检验批,不足 3.5 万块也按一批计;采用随机取样,外观质量检验的砖样在每一检验批的产品堆垛中抽取,数量为 50 块;尺寸偏差检验的砖样从外观质量检验后的样品中抽取,数量为 20 块,其他项目的砖样从外观质量和尺寸偏差检验后的样品中抽取。强度等级检验抽样数量为 10 块。

7.2 烧结砖的尺寸测量

7.2.1 试验目的

检测砖试样的几何尺寸是否符合标准,评判砖的质量。

7.2.2 试验设备

砖用卡尺(分度值为 0.5 mm)。

7.2.3 检测方法

砖样的长度应在砖的两个大面的中间处分别测量两个尺寸,宽度应在砖的两个大面的中间处分别测量两个尺寸,高度应在砖的两个条面的中间处分别测量两个尺寸,如图 7-1 所示,当被测处缺损或凸出时,可在其旁边测量,但应选择不利的一侧进行测量,精确至 0.5 mm。

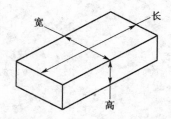

图 7-1 砖的尺寸量法

7.2.4 结果计算与评定

每一方向尺寸以两个测量值的算术平均值表示,精确至 1 mm。

7.3 烧结砖的外观质量检验

7.3.1 检测目的

检查砖外表的完好程度,评判砖的质量。

7.3.2 仪器设备

砖用卡尺(分度值为 0.5 mm),钢直尺(分度值为 1 mm)。

7.3.3 检测方法

1)缺损

缺棱掉角在砖上造成的破损程度,以破损部分对长、宽、高三个棱边的投影尺寸来度量,称为破坏尺寸,如图 7-2 所示。缺损造成的破坏面,是指缺损部分对条面、顶面(空心砖为条面、大面)的投影面积,如图 7-3 所示。空心砖内壁残缺及肋残缺尺寸,以长度方向的投影尺寸来度量。

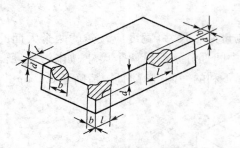 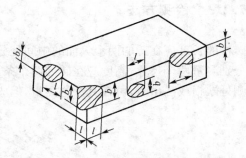

图 7-2　砖的破坏尺寸量法　　　　　　　图 7-3　缺损在条、顶面上造成破坏面量法

l—长度方向的投影尺寸；b—宽度方向的　　　　l—长度方向的投影尺寸；b—宽度方向的投
投影尺寸；d—高度方向的投影尺寸　　　　　　影尺寸

2）裂纹

裂纹分为长度方向、宽度方向和水平方向三种，以被测方向上的投影长度表示。如果裂纹从一个面延伸至其他面上时，则累计其延伸的投影长度 l，如图 7-4 所示。多孔砖的孔洞与裂纹相通时，则将孔洞包括在裂纹内一并测量，如图 7-5 所示。裂纹长度以在三个方向上分别测得的最长裂纹作为测量结果。

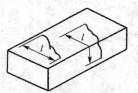 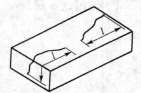 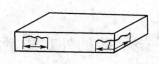

（a）宽度方向裂纹长度量法　　　　（b）长度方向裂纹长度量法　　　　（c）水平方向裂纹长度量法

图 7-4　裂纹长度量法

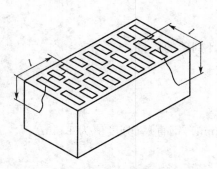

图 7-5　多孔砖裂纹通过孔洞时量法

3）弯曲

分别在大面和条面上测量，测量时将砖用卡尺的两支脚沿棱边两端放置，择其弯曲最大处将垂直尺推至砖面，如图 7-6 所示。但不应将因杂质或碰伤造成的凹陷计算在内。以弯曲测量中测得的较大者作为测量结果。

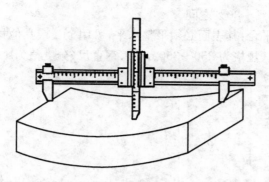

图 7-6　弯曲量法

4）砖杂质凸出高度量法

杂质在砖面上造成的凸出高度，以杂质距砖面的最大距离表示。测量时将砖用卡尺的两支脚置于杂质凸出部分两侧的砖平面上，以垂直尺测量，如图 7-7 所示。

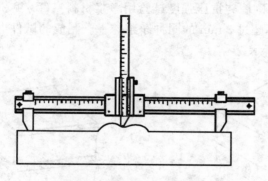

图 7-7　杂质凸出高度量法

7.3.4　结果计算与评定

外观测量以"mm"为单位，不足 1 mm 者均按 1 mm 计。

7.4　烧结砖的抗压强度试验

7.4.1　试验目的

通过测定砖的抗压强度，确定砖的强度等级。

7.4.2　试验设备

（1）压力试验机：试验机示值相对误差不大于 ±1%，其下加压板应为球铰支座，预期最大破坏荷载应在量程的 20%～80% 之间。

（2）抗压试件制备平台：其表面必须平整水平，可用金属或其他材料制作。

（3）锯砖机、水平尺（规格为 250～350 mm）、钢直尺（分度值为 1 mm）、抹刀、玻璃板（边长为 160 mm，厚 3～5 mm）等。

7.4.3　试验方法

1）试样制备

试样数量：烧结普通砖、烧结多孔砖为 10 块，空心砖大面和条面抗压各 5 块。

烧结普通砖。将试样切断或锯成两个半截砖，断开后的半截砖长不得小于 100 mm，如图 7-8 所示。如果不足 100 mm，应另取备用试样补足。在试样制备平台上将已断开的半截砖放入室温的净水中浸 10～20 min 后取出，并使断口以相反方向叠放，两者中间抹以厚度不超过 5 mm 的符合规范《砌墙砖抗压强度试验用净浆材料》（GB/T 25183—2010）要求的净浆黏结，上下两面用厚度不超过 3 mm 的同种净浆抹平。制成的试件上、下两面须相互平行，并垂直于侧面，如图 7-9 所示。

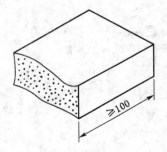

图 7-8　断开的半截砖

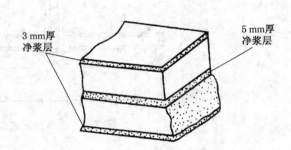

图 7-9　砖的抗压试件

多孔砖、空心砖的试件制备。多孔砖以单块整砖沿竖孔方向加压。空心砖以单块整砖沿大面和条面方向分别加压。试件制作采用坐浆法操作。即用一块玻璃板置于水平的试件制备平台上，其上铺一张湿的垫纸，纸上铺一层厚度不超过 5 mm 的符合规范《砌墙砖抗压强度试验用净浆材料》（GB/T 25183—2010）要求的水泥净浆，再将试件在水中浸泡 10～20 min，在钢丝网架上滴水 3～5 min 后，将试样受压面平稳地放在净浆上，在另一受压面上稍加压力，使整个净浆层与砖受压面相互黏结，砖的侧面应垂直于玻璃板。待净浆适当凝固后，连同玻璃板翻放在另一铺纸放浆的玻璃板上，再进行坐浆，并用水平尺校正上玻璃板，使之水平。

2）试件养护

制成的抹面试件应置于温度不低于 10℃ 的不通风室内养护 3 d，再进行强度测试。

3）强度测定

测量每个试件连接面或受压面的长、宽尺寸各两个，分别取其平均值，精确至 1 mm。将试件平放在加压板的中央，垂直于受压面加荷，加荷过程应均匀平稳，不得发生冲击或振动。加荷速度以 4 kN/s 为宜，直至试件破坏为止，记录最大破坏荷载 P。

7.4.4 结果计算与评定

1) 结果计算

每块试样的抗压强度 f_p 按下式计算,精确至 0.01 MPa。

$$f_p = \frac{P}{LB} \tag{7-1}$$

式中:f_p——抗压强度(MPa);

P——最大破坏荷载(N);

L——受压面(连接面)的长度(mm);

B——受压面(连接面)的宽度(mm)。

2) 结果评定

试验后按以下两式分别计算出强度变异系数 δ、标准差 S。

$$\delta = \frac{S}{\bar{f}} \tag{7-2}$$

$$S = \sqrt{\frac{1}{9} \sum_{i=1}^{10} (f_i - \bar{f})^2} \tag{7-3}$$

式中:δ——砖强度变异系数,精确至 0.01;

S——10 块试样的抗压强度标准差(MPa,精确至 0.01 MPa);

$\bar{f}$——10 块试样的抗压强度平均值(MPa,精确至 0.01 MPa);

f_i——单块试样抗压强度测定值(MPa,精确至 0.01 MPa)。

样本量 $n = 10$ 时的强度标准值按下式计算。

$$f_k = \bar{f} - 1.8S \tag{7-4}$$

式中:f_k——强度标准值(MPa,精确至 0.1 MPa)。

《烧结普通砖》(GB 5101—2003)、《烧结空心砖和空心砌块》(GB 13545—2011)规定,对于烧结普通砖、烧结空心砖和空心砌块的抗压强度按下列要求评定:

(1) 当变异系数 $\delta \leqslant 0.21$ 时,按抗压强度平均值 $\bar{f}$、强度标准值 f_k 指标评定砖的强度等级。

(2) 当变异系数 $\delta > 0.21$ 时,按抗压强度平均值 $\bar{f}$、单块最小抗压强度值 f_{min} 指标评定其强度等级。

《烧结多孔砖和多孔砌块》(GB 13544—2011)规定,对于烧结多孔砖和多孔砌块的抗压强度按下列要求评定:

按抗压强度平均值 $\bar{f}$、强度标准值 f_k 指标评定烧结多孔砖和多孔砌块的强度等级。

7.5 建筑石材的放射性检测

石材在民用建筑及居民家庭装饰中被广泛使用,大量石灰、水泥、黏土砖、煤渣砖、花岗岩、大理石、釉面砖、地板砖等是必用材料,使用这些建筑、装饰材料的同时,也带来一些放射性污染问题。石材中的放射性来自其含有的放射性物质,而这些放射性物质主要来源于铀系、钍系和天然钾,它们不仅是构成室内 β、γ 辐射场的主要因素,而且是室内空气中 222Rn 的主要来源。因此,测定石材中的放射性核素 226Ra、232Th、40K 具有十分重要的意义。

7.5.1 试验目的

(1) 测定建筑石材的放射性核素含量。
(2) 熟练使用各种测量仪器,掌握其工作原理。

7.5.2 试验原理

每个放射性核素都具有自身特有的衰变纲图,各个能级之间的跃迁将产生具有特定能量的射线,且衰变的分支比也是固定的,因此可以根据样品产生的射线的能量和强度对样品进行放射性核素分析。γ 能谱分析就是通过测量样品中放射性核素特征 γ 射线的能量和强度,从而确定样品中含有的放射性核素以及该核素的含量。

测量 γ 射线的能谱的仪器简称 γ 能谱仪,其一般结构如下图所示:

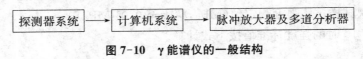

图 7-10　γ 能谱仪的一般结构

γ 射线在探测器中沉积能量,形成电信号脉冲,电压脉冲经线性放大、A/D 转换等处理后,被计算机系统采集。根据射线能量沉积形成的方式,可分为多种不同的探测器,目前应用的主要为 NaI 闪烁体探测器和高纯锗半导体探测器。

γ 射线入射至闪烁体时,通过三种基本相互作用过程:光电效应、康普顿效应和电子对效应,产生次级电子,这些次级电子将能量消耗在闪烁体中,使闪烁体中原子电离、激发而后产生荧光。光电倍增管的光阴极将收集到的这些光子转换成光电子,光电子再在光电倍增管中倍增,最后经过倍增的电子在管子阳极收集起来,通过阳极负载电阻形成电压脉冲信号。此电压脉冲的幅度与 γ 射线在闪烁体内消耗的能量及产生的光强成正比,所以根据脉冲幅度大小可以确定入射 γ 射线的能量。由于 γ 射线在闪烁体中产生的光子数具有一定的统计涨落,近似服从泊松分布,光电倍增管的光阴极光子收集效率具有统计涨落,以及光电倍增管的光电转换效率和倍增系数也存在统计涨落,使得同一能量的 γ 射线产生的脉冲幅度具有一定的分布。通常把分布曲线极大值一半处的全宽度称为半宽度 FWHM,也用 E 表示。半宽度反映了谱仪对能量的分辨本领。因为有些涨落因素与能量有关,使用相对分辨本领即能量分辨率 η 更为确切。能量分辨率 η 定义为:

$$\eta = \frac{\Delta E}{E}$$

(7-5)

闪烁体探测器的能量分辨率一般在 10% 左右。一定能量 E 的入射带电粒子在半导体中产生的总电子-空穴对数 N 也是涨落的,其相对均方涨落与数目成反比,由于半导体的电离能很小,因此产生的电子-空穴对数目也很大,半导体探测器可以获得很高的能量分辨率,并且具有很好的能量线性。目前最好的高纯锗探测器,对 60Co 的 1.33 MeV 的 γ 射线全能峰半宽度可达 1.3 keV;能量在 0.1 MeV 到几个兆电子伏范围内能量线性偏离约为 0.1%。但对 γ 射线的探测效率不如 NaI 晶体高,且半导体探测器必须在真空和低温条件下进行测量,这使得在某些场合下不方便使用。由于 γ 射线与探测器的相互作用有多种方式,实际测量中的 γ 能谱是非常复杂的。所测谱中多种能量的强度不同的 γ 射线的单能谱叠加在一起出现,能量很接近的 γ 射线往往以重峰形式出现,而强度弱的 γ 谱线又容易被本底掩盖。复杂的 γ 谱往往包含几十条甚至上千条入射 γ 射线的信息。所以对所测 γ 射线的能谱进行分析和处理是很重要的。对于 γ 能谱仪,为了实现实验测量,首先需要进行能量刻度,以便正确地识别放射源的核素。对能量进行刻度是基于谱仪中多道分析器的线性放大原理,即道数的高低对应着能量的大小,道数与能量之间的关系是线性的。确定此线性关系,一般需要至少两个已知能量的坐标点,即在能量和道数的坐标系中,标定出两点,进而确定通过此两点的直线,这个步骤就称为 γ 能谱仪的能量刻度。进行了能量刻度之后,系统分析软件会保存此结果,把初步测量得到的道数转换成能量,进而从核素库中得到放射性核素的信息。完成能量刻度后,γ 能谱仪即可甄别出样品中的核素,但无法给出活度值。定量的活度测量有两种方法:相对测量与效率刻度测量。相对测量方法为本实验采用的方法,它是通过测量样品源与标准源中被测核素某个 γ 射线全能峰的净面积,与标准源中该核素活度比较,从而得到样品中被测核素的活度。这种方法的优点是测量准确,误差小;缺点是测量范围窄,只能测出标准源所含的核素。

7.5.3 试验设备

锤子、研磨机、筛子、天平、样品盒 6 个、NaI 谱仪,放射性核素铀-镭、钍、钾及混合平衡标准源一套、建材样品。

7.5.4 试验步骤

(1) 采样:从实验室附近及实验指导老师处获取砖块、混凝土、绣石、西点红、印度红、浅啡网六种不同的建筑石材。

(2) 对不同石材分别进行破碎、研磨、过筛、称量装样,每种样品 500 g。

(3) 制样后放置几个小时以使其放射性平衡。

(4) 测量:每个样品测量时间为 1 h;先测量本底和标准样,并进行能量刻度;其次将六个样品分别依次测量,得出谱图。

（5）结果分析（依据 GB 6566—2010 标准对实验结果进行分析,并判定样品属于哪一类）。

课后思考题

1. 普通砖的质量标准包括哪几个方面？对外观检查有何意义？
2. 为什么不能直接对普通砖进行抗压强度试验？抗压试块如何制作？

砖试验报告
（以普通烧结砖为例）

组别＿＿＿＿＿＿＿＿＿＿＿　　同组试验者＿＿＿＿＿＿＿＿＿＿＿

日期＿＿＿＿＿＿＿＿＿＿＿　　指导老师＿＿＿＿＿＿＿＿＿＿＿

一、试验目的

二、实验记录与计算

1. 外观质量检查

检查内容	尺寸偏差	弯曲变形	棱角情况	裂纹长度	杂质凸度	颜色均匀度
检查结果						

2. 抗压强度测定

试块编号	受压面尺寸（mm）		受压面积（mm²）	破坏荷载（N）	抗压强度测定值（MPa）	抗压强度最小值（MPa）	抗压强度平均值（MPa）
	长	宽					

根据＿＿＿＿＿＿＿＿＿＿标准，该砖的强度等级为＿＿＿＿＿＿＿＿＿。

三、分析与讨论

8

无机气硬性胶凝材料试验

8.1 建筑石灰检测

8.1.1 检验规则

1）批量

建筑生石灰受检批量规定如下：

日产量 200 t 以上每批量不大于 200 t；

日产量不足 200 t 每批量不大于 100 t；

日产量不足 100 t 每批量不大于日产量。

2）取样

建筑生石灰的取样按规定的批量，从整批物料的不同部位选取。取样点不少于 25 个，每个点的取样量不少于 2 kg，缩分至 4 kg 装入密封容器内。

3）判断

产品技术指标均达到要求的相应等级时判定为该等级，有一项指标低于合格品要求时，判定为不合格品。

8.1.2 试验方法

1）细度

（1）试验设备

① 试验筛：符合 GB 6003 规定，R20 主系列 0.900 mm、0.125 mm 的一套。

② 羊毛刷：4 号。

③ 天平：称量为 100 g，分度值 0.1 g。

（2）试验试样

生石灰粉或消石灰粉。

（3）试验步骤

称取试样 50 g，倒入 0.900 mm、0.125 mm 方孔套筛内进行筛分。筛分时一只手握住试验筛，并用手轻轻敲打，在有规律的间隔中，水平旋转试验筛，并在固定的基座上轻轻试验筛，用羊毛刷轻轻地从筛上面刷，直至 2 min 内通过量小于 0.1 g 时为止。分别称量筛余物质量 m_1、m_2。

（4）结果计算与评定

筛余百分含量（x_1）、（x_2）按下式计算：

$$x_1 = \frac{m_1}{m} \times 100\% \tag{8-1}$$

$$x_2 = \frac{m_1 + m_2}{m} \times 100\% \tag{8-2}$$

式中：x_1——0.900 mm 方孔筛筛余量（%）；

x_2——0.125 mm 方孔筛、0.900 mm 方孔筛，两筛上的总筛余量（%）；

m_1——0.900 mm 方孔筛筛余物质量（g）；

m_2——0.125 mm 方孔筛筛余物质量（g）；

m——样品质量（g）。

计算结果保留小数点后两位。

2）生石灰产浆量，未消化残渣含量

（1）试验设备

① 圆孔筛：孔径 5 mm、20 mm。

② 生石灰浆渣测定仪。

③ 玻璃量筒：500 mL。

④ 天平：称量 1 000 g，分度值 1 g。

⑤ 搪瓷盘：200 mm × 300 mm。

⑥ 钢板尺：300 mm。

⑦ 烘箱：最高温度 200℃。

⑧ 保温套。

（2）试样制备

将 4 kg 试样破碎全部通过 20 mm 圆孔筛，其中小于 5 mm 粒度的试样量不大于 30%，混匀备用，生石灰粉样混均即可。

（3）试验步骤

称取已制备好的生石灰试样 1 kg 倒入装有 2 500 mL（20±5）℃清水的筛筒（筛筒置于外筒内）。盖上盖，静置消化 20 min，用圆木棒连续搅动 2 min，继续静置消化 40 min，再搅动 2 min。提起筛筒用清水冲洗筛筒内残渣，至水流不浑浊（冲洗用清水仍倒入筛筒内，水总体积控制在 3 000 mL），将渣移入搪瓷盘（或蒸发皿）内，在 100～105℃烘箱中，烘干至恒重，冷却至室温后用 5 mm 圆孔筛筛分。称量筛余物，计算未消化残渣含量。浆体静置 24 h 后，用钢板尺量出浆体高度(外筒内总高度减去筒口至浆面的高度)。

(4)结果计算与评定

① 产浆量(X_3)按下式计算:

$$X_3 = \frac{R^2 \cdot \pi \cdot H}{1 \times 10^6} \tag{8-3}$$

式中:X_3——产浆量(L/kg);

π——取 3.14;

H——浆体高度(mm);

R——浆筒半径(mm)。

② 未消化残渣百分含量(x_4)按下式计算:

$$x_4 = \frac{m_3}{m} \times 100\% \tag{8-4}$$

式中:x_4——未消化残渣含量(%);

m_3——未消化残渣质量(g);

m——样品质量(kg)。

以上计算结果保留小数点后两位。

3) 消石灰粉体积安定性

(1)试验设备

① 天平:称量 200 g,分度值 0.2 g。

② 量筒:250 mL。

③ 牛角勺。

④ 蒸发皿:300 mL。

⑤ 石棉网板:外径 125 mm,石棉含量 72%。

⑥ 烘箱:最高温度 200℃。

(2)试验用水

必须是(20±2)℃清洁自来水。

(3)试验步骤

称取试样 100 g,倒入 300 mL 蒸发皿内,加入(20±2)℃清洁淡水约 120 mL,在 3 min 内拌合稠浆。一次性浇注于两块石棉网板上,其饼块直径 50~70 mm,中心高 8~10 mm。成饼后在室温下放置 5 min 后,将饼块移至另两块干燥的石棉网板上,然后放入烘箱中加热到 100~105℃烘干 4 h 取出。

(4)结果评定

烘干后饼块用肉眼检查无溃散、裂纹、鼓包称为体积安定性合格;若出现三种现象中之一者,表示体积安定性不合格。

8.2 建筑石膏检测

8.2.1 检验规则

1）批量

对于年产量小于 15 万 t 的生产厂，以不超过 60 t 的产品为一批；对于年产量等于或大于 15 万 t 的生产厂，以不超过 120 t 的产品为一批，产品不足一批时以一批统计。

2）抽样

产品袋装时，从一批产品中随机抽取 10 袋，每袋抽取约 2 kg 试样，总共不少于 20 kg；产品散装时，在产品卸料处或产品输送机上每 3 min 抽取约 2 kg 试样，总共不少于 20 kg。将抽取的试样搅拌均匀，一分为二，一份做试验，另一份密封三个月，以备复验用。

3）判定

抽取做试验用的试样处理后分为三等份，以其中一份试样进行试验。检验结果若均符合相应的技术性能要求时判定为该批产品合格。若有一项以上指标不符合要求时，即判该批产品为不合格品。若只有一项指标不符合要求时，则可用其他两份试样对不合格指标进行重新检验。重新检验结果，若两份试样均合格，则判定为该批产品合格；如仍有一份试样不合格，则判该批产品不合格。

8.2.2 试验方法

1）组分的测定

称取试样 50 g，在蒸馏水中浸泡 24 h，然后在 (40 ± 4)℃ 下烘干至恒重（烘干时间相隔 1 h 的两次称量之差不超过 0.05 g 时，即为恒重），研碎试样，过 0.02 mm 筛，再测定结晶水含量。以测得的结晶水含量乘以 4.027 8，即为 β 型半水硫酸钙含量。

2）细度

称取约 200 g 试样，在 (40 ± 4)℃ 下烘干至恒重（烘干时间相隔 1 h 的两次称量之差不超过 0.05 g 时，即为恒重），并在干燥器中冷却至室温。将筛孔尺寸为 0.02 mm 的筛下安上接收盘，称取 50.0 g 试样倒入其中，盖上筛盖，进行筛分。当 1 min 的过筛试样质量不超过 0.1 g 时，则认为筛分完成。称量筛上物，作为筛余量。细度以筛余量与试样原始质量之比的百分数形式表示。精确至 0.1%。

3）凝结时间

首先测定试样的标准稠度用水量，然后测定其凝结时间。

（1）试验设备

① 稠度仪

由内径 50 mm±0.1 mm、高 100 mm±0.1 mm 的不锈钢质筒体，240 mm×240 mm 的玻璃板，以及筒体提升机构所组成。筒体上升速度为 150 mm/s，并能下降复位。

② 搅拌器具。

③ 搅拌碗：用不锈钢制成，碗口内径 180 mm，碗深 60 mm。

④ 拌和棒：由三个不锈钢丝弯成的椭圆形套环所组成，钢丝直径为 1～2 mm，环长约 100 mm。

（2）试验步骤

① 标准稠度用水的测定

将试样按下述步骤连续测定两次。

先将稠度仪的筒体内部及玻璃板擦净，并保持湿润，将筒体复位，垂直放置于玻璃板上。将估计的标准稠度用水量的水倒入搅拌碗中。称取试样 300 g，在 5 s 内倒入水中。用拌和棒搅拌 30 s，得到均匀的石膏浆，然后边搅拌边迅速注入稠度仪筒体内，并用刮刀刮去溢浆，使浆面与筒体上端面齐平。从试样与水接触开始至 50 s 时，开动仪器提升按钮。待筒体提去后，测定料浆扩展成的试饼两垂直方向上的直径，计算其算术平均值。

记录料浆扩展直径等于 180 mm±15 mm 时的加水量。该加入的水的质量与试样的质量之比，以百分数表示。

取两次测定结果的平均值作为该试样标准稠度用水量，精确至 1%。

② 凝结时间的测定

将试样按下述步骤连续测定两次。

按标准稠度用水量称量水，并把水倒入搅拌碗中。称取试样 200 g，在 5 s 内将试样倒入水中。用拌和棒搅拌 30 s，得到均匀的料浆，倒入环模中，然后将玻璃底板抬高约 10 mm，上下振动五次。用刮刀刮去溢浆，并使料浆与环模上端齐平。将装满料浆的环模连同玻璃底板放在仪器的钢针下，使针尖与料浆的表面相接触，且离开环模边缘大于 10 mm。迅速放松杆上的固定螺丝，针即自由地插入料浆中。每隔 30 s 重复一次，每次都应改变插点，并将针擦净、校直。

记录从试样与水接触开始，至钢针第一次碰不到玻璃底板所经历的时间，此即试样的初凝时间。记录从试样与水接触开始，至钢针第一次插入料浆的深度不大于 1 mm 所经历的时间，此即试样的终凝时间。

取两次测定结果的平均值，作为该试样的初凝时间和终凝时间，精确至 1 min。

4）强度

（1）试验设备

① 感量 1 g 的电子秤。

② 成型试模。

③ 搅拌容器。

④ 拌和棒，由三个不锈钢丝弯成的椭圆形套环所组成，钢丝直径 1～2 mm，环长约 100 mm。

（2）试验步骤

① 一次调和制备的建筑石膏量,应能填满制作三个试件的试模,并将损耗计算在内,所需料浆的体积为 950 mL,采用标准稠度用水。

在试模内侧薄薄地涂上一层矿物油,并使连接缝封闭,以防料浆流失。

先把所需加水量的水倒入搅拌容器中,再把已称量的建筑石膏倒入其中,静置 1 min,然后用拌和棒在 30 s 内搅拌 30 圈。接着,以 3 r/min 的速度搅拌,使料浆保持悬浮状态,然后用勺子搅拌至料浆开始稠化(即当料浆从勺子上慢慢落到浆体表面刚能形成一个圆锥为止)。

一边慢慢搅拌,一边把料浆舀入试模中。将试模的前端抬起约 10 mm,再使之落下,如此重复五次以排除气泡。

当从溢出的料浆判断已经初凝时,用刮平刀刮去溢浆,但不必反复刮抹表面。终凝后,在试件表面做上标记,并拆模。

② 试件的存放。遇水后 2 h 就将做力学性能试验的试件,脱模后存放在试验室环境中。

需要在其他水化龄期后做强度试验的试件,脱模后立即存放于封闭处。在整个水化期间,封闭处空气的温度为 (20 ± 2)℃、相对湿度为 (90 ± 5)%。每一类建筑石膏试件都应规定试件龄期。

③ 到达规定龄期后,用于测定湿强度的试件应立即进行强度测定。用于测定干强度的试件先在 (40 ± 4)℃ 的烘箱中干燥至恒重,然后迅速进行强度测定。

④ 试件的数量。每一类存放龄期的试件至少应保存三条,用于抗折强度的测定。做完抗折强度测定后得到的不同试件上的三块半截试件用作抗压强度测定,另外三块半截试件用于石膏硬度测定。

⑤ 分别测定试样与水接触后 2 h 试件的抗折强度和抗压强度,但抗压强度试件应为 6 块。试件抗压强度用最大量程为 50 kN 的抗压强度试验机测定。试件的受压面积为 40 mm × 40 mm。

课后思考题

1. 为什么要检测消石灰粉体积安定性?

2. 石膏在测定其结晶水含量时,为什么要在蒸馏水中浸泡?

9 建筑装饰材料试验

9.1 木材含水率、干缩性和气干密度的测定

9.1.1 试验目的

测定木材的含水率、干缩性和气干密度。

9.1.2 试验设备

(1) 天平精度应达到 0.001 g。
(2) 烘箱,应能保持在 (103±2)℃。
(3) 玻璃干燥器和称量瓶。
(4) 游标卡尺。

9.1.3 试验试样

试样通常在需要测定含水率的试材、试条上,或在物理力学试验后的试样上,按照所对应标准试验方法规定的部位截取。试样尺寸约为 20 mm×20 mm×20 mm,并且应清除干净附在试样上的木屑、碎片。

9.1.4 试验步骤

(1) 取到的试样先编号,在试样各相对面的中心位置,用卡尺分别测出弦向、径向和顺纹方向的尺寸,准确至 0.01 mm,并称量,精确至 0.001 g。
(2) 将同批试验取得的含水率试样,一并放入烘箱内,在 (103±2)℃ 的温度下烘 8 h 后,从中选择 2～3 个试样进行一次试称,以后每隔 2 h 称量所选择试样一次,至最后两次称量之差不超过试样质量的 0.5% 时,即认为试样达到全干。

（3）用干燥的镊子将试件从烘箱中取出，放入装有干燥剂的玻璃干燥器内的称量瓶中。试样冷却至室温后，用干燥的镊子取出并称量。立取在试样各相对面的中心位置，用卡尺分别测出弦向、径向和顺纹方向的尺寸，准确至 0.01 mm。

（4）如试样为含有较多挥发物质的木材时，为避免用烘干法测定的含水率产生过大误差，宜改为真空干燥法测定。

9.1.5　结果计算与评定

（1）试样的含水率按式（9-1）计算，精确至 0.1%。

$$W = \frac{m_1 - m_0}{m_0} \times 100\% \qquad (9-1)$$

式中：W——试样含水率（%）；

m_1——试样试验时的质量（g）；

m_0——试样全干时的质量（g）。

（2）试样弦向或径向的干缩率（β_L），均按式（9-2）计算，以百分率计，准确至 0.1%。

$$\beta_L = \frac{L_w - L_0}{L_0} \times 100\% \qquad (9-2)$$

式中：L_w——气干试样弦向或径向的尺寸（cm）；

L_0——烘干后试样弦向或径向的尺寸（cm）。

（3）体积干缩率（β_v），按式（9-3）计算，以百分率计，准确至 0.1%。

$$\beta_v = \frac{V_w - V_0}{V_w} \times 100\% \qquad (9-3)$$

式中：V_w——气干试样体积（cm³）；

V_0——烘干后试样体积（cm³）。

（4）气干密度（ρ_w），按式（9-4）计算（g/cm³），准确至 0.001 g/cm³。

$$\rho_w = \frac{m_w}{V_w} \qquad (9-4)$$

式中：m_w——气干试样的重量（g）；

V_w——气干试样的体积（cm³）。

（5）全干密度（ρ_0），按式（9-5）计算（g/cm³），准确至 0.001 g/cm³。

$$\rho_0 = \frac{m_0}{V_0} \qquad (9-5)$$

9.2 木材顺纹抗压强度试验

9.2.1 试验目的

熟悉与掌握国家标准《木材顺纹抗压强度试验方法》(GB/T 1935—2009)。

9.2.2 试验设备

4 t 木材力学试验机、游标卡尺、天平、烘箱、干燥器、手锯。

9.2.3 试验试样

试验树种:根据当时条件,实验前确定。

试样尺寸为 30 mm × 20 mm × 20 mm,长度为顺纹方向。

供制作试样的试条,从试材树皮向内横纹方向连续截取,并按试样尺寸留足干缩和加工余量。

9.2.4 试验步骤

(1) 试验前用游标卡尺在试样长度中央,测量厚度及宽度,准确至 0.1 mm。

(2) 将试样放在试验机球面活动支座的中心位置,以均匀速度加荷,在 1.5～2.0 min 内使试样破坏,即试验机的指针明显地退回为止。准确至 100 N。

(3) 试样破坏后,对整个试样参照 GB/T 1931—2009 测定试样的含水率。

9.2.5 结果计算与评定

(1) 试样含水率为 $W\%$ 时的顺纹抗压强度,应按式(9-6)计算,准确至 0.1 MPa。

$$\sigma_w = \frac{P_{max}}{b \times t} \tag{9-6}$$

式中:σ_w——试样含水率为 W 时的顺纹抗压强度(MPa);

P_{max}——破坏荷载(N);

b——试样宽度(mm);

t——试样厚度(mm)。

(2) 试样含水率为 12% 时的顺纹抗压强度,应按式(9-7)计算,准确至 0.1 MPa。

$$\sigma_{12} = \sigma_w[1 + 0.05(W - 12)] \tag{9-7}$$

式中：σ_{12}——试样含水率为 12％时的顺纹抗压强度（MPa）；

σ_w——试样含水率为 W％时的顺纹抗压强度（MPa）；

W——试样含水率（％）。

试样含水率在 9％～15％范围内，按式（9-7）计算有效。

9.3 木材抗弯强度试验

9.3.1 试验目的

通过本实验熟悉并掌握《木材抗弯强度试验方法》（GB/T 1936.1—2009）、《木材抗弯弹性模量试验方法》（GB/T 1936.2—2009）。

9.3.2 试验设备

木材力学试验机、游标卡尺、天平、百分表、手锯、记录表。

9.3.3 试验试样

试验树种：根据当时条件，实验前确定。

试样尺寸：试样尺寸为 300 mm × 20 mm × 20 mm，长度为顺纹方向。抗弯强度模量和抗弯强度试验只做弦向试验，并允许使用同一试样。每试样先做抗弯弹性模量，然后进行抗弯强度试验。

9.3.4 试验步骤

（1）抗弯强度只做弦向试验，在试样中央测量径向尺寸为宽度，弦向为高度，准确至 0.1 mm。

（2）采用中央加荷，将试样放在试验装置的两支座上，在支座间试样中部的径面以均匀速度加荷，在 1～2 min 内使试样破坏（或将加荷速度设定为 5～10 mm/min），准确至 10 N。

（3）两点加荷，用百分数或其他能测量线性位移的仪表测量试样变形，试验装置如图 9-1。

（4）测量试样变形的下、上限荷载一般取 300～700 N，试验时以均匀速度先加荷至下限荷载，立即读百分表指示值，读至 0.005 mm，然后经 15～20 s 加荷至上限荷载，随即去掉荷载，如此反复三次，每次去除荷载应稍低于下限，然后再加荷至下限荷载。对于数显电控试验机，可将加荷速度设定为 1～3 mm/min。

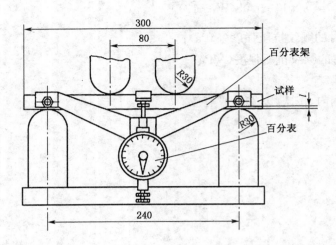
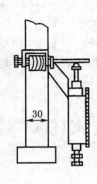

图 9-1　抗弯弹性模量试验装置

（5）对于甚软木材的下、上限荷载一般取 200～400 N，为保证加荷范围不超过试样的比例极限应力，试验前可在每批试样中选 2～3 个试样进行观察试验，绘制荷载-变形图，在其直线范围内确定下、上限荷载。

（6）试验后立即在试样靠近破坏处截取 20 mm 长的木块一个，按 GB/T 1931—2009 测定试样含水率。

9.3.5　结果计算与评定

1）抗弯强度

（1）试样含水率为 $W\%$（试验时）的抗弯强度，应按式（9-8）计算，准确至 0.1 MPa。

$$\sigma_{bw} = \frac{3P_{max} \times l}{2\,bh^2} \qquad (9-8)$$

式中：P_{max}——破坏荷载（N）；

　　　L——两支座间跨距（mm）；

　　　b——试样宽度（mm）；

　　　h——试样高度（mm）。

（2）试样含水率为 12% 时的抗弯强度，应按式（9-9）计算，准确至 0.1 MPa。

$$\sigma_{b12} = \sigma_{bw}[1 + 0.04(W - 12)] \qquad (9-9)$$

式中：σ_{b12}——试样含水率为 12% 时的抗弯强度（MPa）；

　　　W——试样含水率（%）。

试样含水率在 9%～15% 范围内按式（9-9）计算有效。

2）抗弯弹性模量

（1）根据后 3 次测得的试样变形值，分别计算出上、下限变形平均值。上、下限荷载的变形平均值之差，即为上、下限荷载间的变形值。

（2）试样含水率为 $W\%$（试验时）的抗弯弹性模量，应按式（9-10）计算，准确至 10 MPa。

$$E_{\mathrm{w}} = \frac{23 \times Pl^3}{108 \times bh^3 \times f} \tag{9-10}$$

式中：E_{w}——试样含水率为 $W\%$ 时的抗弯弹性模量（MPa）；

$\quad\quad P$——上、下限荷载之差（N）；

$\quad\quad l$——两支座间跨距，240 mm；

$\quad\quad b$——试样宽度（mm）；

$\quad\quad h$——试样高度（mm）；

$\quad\quad f$——上、下限荷载间的试样变形值（mm）。

（3）试样含水率为 12% 时的抗弯弹性模量，应按式（9-11）计算，准确至 10 MPa。

$$E_{12} = E_{\mathrm{w}}[1 + 0.015(W - 12)] \tag{9-11}$$

式中：E_{w}——试样含水率为 $W\%$ 的抗弯弹性模量（MPa）；

$\quad\quad W$——试样含水率（%）。

试样含水率在 9%～15% 范围内按式（9-11）计算有效。

9.4　建筑玻璃的检测

9.4.1　玻璃热稳定性的测定

玻璃的热稳定性又称耐急冷急热性，也称耐热温差等，是玻璃抵抗冷热急变的能力，它在玻璃的热加工方面和日常使用中特别重要。

1）试验目的

（1）了解测定玻璃热稳定性的实际意义。

（2）掌握骤冷法测定玻璃热稳定性的原理和测定方法。

2）试验设备

立式管状电炉（1 kW）；电流表（5～10 A）；调压器（2 kV·A）；温度计（250℃、50℃各一支）；放大镜（10 倍）；烧杯（500 mL）；酒精灯。

3）试验原理

决定玻璃热稳定性的基本因素是玻璃的热膨胀系数，热膨胀系数大的玻璃热稳定性差；热膨胀系数小的玻璃，热稳定性好。玻璃的膨胀系数，主要取决于它的化学组成。其次，玻璃的退火质量,亦将影响耐急冷急热性。另外,玻璃表面的擦伤或裂纹以及各种缺陷,都能使其热稳定性降低。玻璃的导热性能很低,由于热胀冷缩,在温度突然发生变化的过程中,玻璃中产生分布不均匀的应力,如果应力超过了它的抗张强度,玻璃即行破裂。

因为应力值随温差的大小而变化,故可以用温差来表示热稳定性。我们把玻璃不开裂所能承受的最低温度差,称为耐热温差。测定玻璃热稳定性的基本方法是骤冷法。可以用试样加热骤冷,也可以用制品加热骤冷。用制品直接作为试样具有实际的代表意义。而在实验室中,通常采用试样加热骤冷。

骤冷法测定玻璃热稳定性的原理是:当玻璃被加热到一定温度后,如予以急冷,则表面温度很快降低,产生强烈的收缩,但此时内部温度仍较高,处于相对膨胀状态,阻碍了表面层的收缩,使表面产生较大的张应力,如张应力超过其极限强度时,试样(制品)即破坏。

骤冷法需把玻璃制成一定大小的试样,加热使试样内外的温度均匀,然后使之骤冷,观察它是否碎裂。但是同样的玻璃,由于各种原因,其质量也往往是不完全相同的,因而所能承受的不开裂温差也不相同,所以要测定一种玻璃的热稳定性。取若干块样品,将它们加热到一定温度后,进行骤冷,观察并记录其中碎裂的样品的块数,把碎裂的样品拣出后,将剩余未碎裂的样品继续加热至较高的温度,待样品热至均匀后,重复进行第二次骤冷,按同样步骤拣出碎裂的样品,记下碎裂的块数。重复以上步骤,直至加入的样品全部碎裂为止。

玻璃的耐热温度可由下式计算:

$$\Delta T = \left(\frac{n_1 \Delta t_1 + n_2 \Delta t_2 + \cdots + n_i \Delta t_i}{n_1 + n_2 + \cdots + n_i} \right) \tag{9-12}$$

式中:ΔT——玻璃的耐热温度;

$\Delta t_1, \Delta t_2, \cdots, \Delta t_i$——骤冷加热温度和冷水温度之差;

$n_1, n_2, \cdots, n_i$——在相应温度下碎裂的块数。

4)试验步骤

(1)将直径为 3~5 mm 无缺陷的玻璃棒,长度为 20~25 mm 的玻璃小段,每小段的两端在喷灯上烧圆。

(2)放在电炉中退火,经应力仪检查没有应力,待试验用。

(3)将滑架悬挂在支架上,调整水银温度计位置,使水银球正处在小篓中。

(4)下滑架,将准备好的试样十根装入小篓,再将滑架挂在支架顶上。接通电源做第一次测定。以 3~5℃/min 的升温速度,将炉温升高到低于预估耐热温度约 40~50℃,保温10 min。

(5)测量并记录冷水温度。开启炉底活门,使试样与小篓落入冷水中。30 s 后取出试样,擦干,用放大镜检查,记录已破裂试样数。

(6)将未破裂试样重新放入小篓中,做第二次测定,炉温比前一次升高 10℃,继续实验直至试样全部破裂为止。

(7)计算试样的耐热温度平均值。

5)试验记录与数据处理

将实验结果记录在表 9-1 中。

表 9-1 玻璃热稳定性测定记录表

试样名称	试样直径	试样长度	室温	冷水温度	炉温	破裂块数	破裂温度差

根据以上数据计算结果。

9.4.2 玻璃透射光谱曲线的测定

玻璃是透明或半透明材料。其透光性对于光学玻璃、颜色玻璃和平板玻璃等来说是很重要的性质。测定这些玻璃的透光性对于玻璃的生产和应用都有较重要的意义。

1）试验目的

（1）明确透光率和光密度的概念。

（2）掌握玻璃透光率的测定方法。

2）仪器装置

本实验采用 721 型分光光度计，它采用自准式光路单光束方法，波长范围为 360～800 nm，其光学系统如图 9-2 所示。

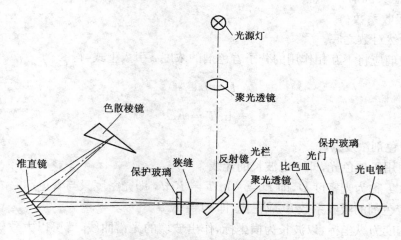

图 9-2 721 型分光光度计光路图

由光源灯发出的连续辐射光谱，射到聚光镜上会聚后再通过平面反射镜转角 90°，反射到入射狭缝及单色器内，狭缝正好位于球面准直镜的焦点平面上，当入射光经准直镜反射后，以一束平行光射向棱镜（棱镜的背面镀铝），光在棱镜中色散，棱镜角处于最小偏向角，色散后的单色光在铝面上反射，依原路至准直镜，再反射会聚在狭缝上，经光栏调节光量，射到聚光透镜，聚光后进入比色皿中，透过试样到光电管，所产生的光电流大小表示试样对相应波长光的透过率。转动分光光度计棱镜的角度，可调节射入狭缝的光的波长，以此来选择单色光。

3）试验方法

光线射入玻璃时，一部分光线通过玻璃，一部分则被玻璃吸收和反射，不同性质的玻璃对光线的反应是不相同的，无色玻璃（如平板玻璃）能大量通过可见光，有色玻璃则只让一种波长的光线透过，而其他波长的光线则被吸收掉，因此对玻璃光学性能的研究，尤其对颜色玻璃来说是很重要的。

玻璃的透光性能用透光率或光密度来表示，透光率用通过玻璃的光流强度和投射在玻璃的光流强度的比值来表示（以百分比表示），即

$$T = I/I_0 \times 100\% \tag{9-13}$$

式中：T——透光率（%）；

$\quad\ I$——透过玻璃的光流强度；

$\quad\ I_0$——投射在玻璃上的光流强度。

玻璃透光率与玻璃的厚度 d 有关系，对于 2 mm 的平板玻璃，透光率一般在 87%，3 mm 的平板玻璃为 85%。玻璃的透光率除了与厚度有关外，还与着色剂的浓度 c 及该着色剂的吸收系数 K 有关，它们之间的关系可用下式表示：

$$I = I_0 T \tag{9-14}$$

$$I = I_0 e^{-Kd} \tag{9-15}$$

式中：I、I_0、d 意义同前；

$\quad\ K$——吸收系数；

$\quad\ e$——自然对数之底。

对着色玻璃应将不互相作用的分子着色剂的浓度 c 引入上式，得

$$I = I_0 e^{-Kcd} \tag{9-16}$$

$$-\ln T = Kcd \tag{9-17}$$

式中：c——着色剂浓度。

上式仅适用于单色光，即一定波长的光线。

通常 $-\ln T$ 称为光密度 D，即 $D = -\ln T = Kcd$，即光密度只与着色剂的浓度 c、玻璃层的厚度 d 和着色剂的吸收系数 K 成正比，即 $D = Kcd$。

若用光密度为纵坐标，以波长为横坐标，作出玻璃的光谱曲线，就可以大致确定该玻璃的光学特性。

本实验利用 721 型分光光度计，测定不同厚度平板玻璃透光率的变化和颜色玻璃的光谱曲线。

4）试验步骤

（1）试样制备

选择无缺陷的玻璃，试样切裁、研磨抛光后成 50 mm×14 mm×2 mm 片状试样，平板状玻璃直接切裁成 50 mm×14 mm 即可使用，用酒精擦洗，并用镜头纸擦净。

（2）测试步骤

① 手持试样边缘,将其嵌入弹性夹内,并放入比色器座内靠单色器一侧,用定位夹固定弹性夹,使其紧靠比色器座壁。

② 在仪器尚未接通电源时,用电表校正螺丝调节电表指针,使其在"0"刻度线上。

③ 接通稳压电源,打开仪器开关,打开比色器暗箱盖,将仪器灵敏度放在"1"位。调节"0"电位器使电流表指针在"0"刻度线上,仪表预热 20 min 后,旋转"A"旋钮选择需用的波长,用"0"电位器使电表指针准确处于"0"刻度线上。

④ 使比色器座处于空气空白校正位置,轻轻地将比色器暗箱盖合上,这时暗箱盖将光门挡板打开,光电管受光,调节"100%"电位器,使电表指针准确处于100%处。

⑤ 放大器灵敏度有三挡,是逐步增加的,其选择原则是保证在校正时能良好地调节"100%"电位器。在能使指针至满度线的情况下,尽可能地采用灵敏度较低的挡,这样仪器将有更高的稳定性。所以使用时一般置于"1"挡,只有当灵敏度不够时再逐级升高,但改变灵敏度后需重新校正"0"位及"100%"。

⑥ 按③、④步骤连续几次调"0"和"100%"后无变动,即可以进行测定。

⑦ 将待测试样推入光路,电流表指针所指示值即为某波长光下的透光率 T,或光密度 D,其中 $D = -\ln T$。

⑧在单色光的波长为 360～800 nm 范围内,每隔 20 nm 测定颜色玻璃试样光密度 D。对平板玻璃测定其在波长为 560 nm 处的透光率 T。

5）实验结果与评定

（1）原始记录

① 平板玻璃的透光率。

试样的平均厚度;透光率。

② 颜色玻璃的光密度。

试样的厚度;各种试样在不同波长下的光密度。

（2）绘制颜色玻璃的光谱曲线

（3）讨论、评定测试结果

9.5　建筑陶瓷检测

9.5.1　陶瓷砖断裂模数和破坏强度测定

1）检验评定依据

《陶瓷砖试验方法》(GB/T 3810—2006)。

2）试验设备

（1）干燥箱:能在 (110±5)℃ 温度下工作,也可使用能获得相同检测结果的微波、红外或其他干燥系统。

(2) 压力表:精确到 2.0%。

(3) 两根圆柱形支撑棒:用金属制成,与试样接触部分用硬度为 (50 ± 5) IRHD 橡胶包裹,一根棒能稍微摆动,另一根棒能绕其轴稍作旋转(相应尺寸见表 10-11)。

(4) 圆柱形中心棒:一根与支撑棒直径相同且用相同橡胶包裹的圆柱形中心棒,用来传递荷载 F,此棒也可稍作摆动(相应尺寸见表 9-2)。

表 9-2　棒的直径、橡胶厚度和长度　　　　　　　　　　　(单位:mm)

砖的尺寸 K	棒的直径 d	橡胶厚度 t	砖伸出支撑棒外的长度 l
$K \geqslant 95$	20	5 ± 1	10
$48 \leqslant K < 95$	10	2.5 ± 0.5	5
$18 \leqslant K < 48$	5	1 ± 0.2	2

3) 试验步骤

(1) 应用整砖检验,但是对超大的砖(即边长大于 300 mm 的砖)和一些非矩形的砖,有必要时可进行切割,切割成可能最大尺寸的矩形试样,以便安装在仪器上检验。其中心应与切割前砖的中心一致。在有疑问时,用整砖比用切割过的砖测得的结果准确。

(2) 每种样品的最小试样数量见表 9-3。

表 9-3　最小试样量

砖的尺寸 K(mm)	最小试样数量
$K \geqslant 48$	7
$18 \leqslant K < 48$	10

(3) 用硬刷刷去试样背面松散的黏结颗粒。将试样放入 (110 ± 5)℃ 的干燥箱中干燥至恒重,即间隔 24 h 的连续两次称量的差值不大于 0.1%。然后将试样放在密闭的干燥箱或干燥器中冷却至室温,干燥器中放有硅胶或其他合适的干燥剂,但不可放入酸性干燥剂。需在试样达到室温至少 3 h 后才能进行试验。

(4) 将试样置于支撑棒上,使釉面或正面朝上,试样伸出每根支撑棒的长度为 l。

(5) 对于两面相同的砖,例如无釉马赛克,以哪面向上都可以。对于挤压成型的砖,应将其背肋垂直于支撑棒放置。对于所有其他矩形砖,应以其长边垂直于支撑棒放置。

(6) 对凸纹浮雕的砖,在与浮雕面接触的中心棒上再垫一层厚度与表 9-2 相对应的橡胶层。

(7) 中心棒应与两支撑棒等距,以 (1 ± 0.2) N/(mm² · s) 的速率均匀地增加荷载,记录断裂荷载 F。

4) 结果计算与评定

只有在宽度与中心棒直径相等的中间部位断裂试样,其结果才能用来计算平均破坏强度和平均断裂模数,计算平均值至少需要 5 个有效的结果。

如果有效结果少于 5 个,应取加倍数量的砖再做第二组试验,此时至少需要 10 个有效结

果来计算平均值。破坏强度(S)以牛顿(N)表示,按以下公式计算:

$$S = \frac{FL}{b}$$ (9-18)

式中:F——破坏荷载(N);

　　　L——两根支撑棒之间的跨距(mm);

　　　b——试样的宽度(mm)。

断裂模数(R)以牛顿每平方毫米(N/mm²)表示,按以下公式计算:

$$R = \frac{3FL}{2bh^2} = \frac{3S}{2h^2}$$ (9-19)

式中:F——破坏荷载(N);

　　　L——两根支撑棒之间的跨距(mm);

　　　b——试样的宽度(mm);

　　　h——试验后沿断裂边测得的试样断裂面的最小厚度(mm)。

记录所有结果,以有效结果计算试样的平均破坏强度和平均断裂模数。

9.5.2　墙地砖耐污染性的测定

1) 试验目的

(1) 了解测定墙地砖耐污染性的实际意义。

(2) 掌握墙地砖耐污染性的测试原理和方法。

2) 试验材料及试剂

墙地砖、铬绿(易产生痕迹的膏状污染物)、13 g/L的碘酒液(留有化学氧化反应的污染物)、橄榄油(能生成薄膜的污染物)、清洗剂、盐酸(3%体积分数)、氢氧化钾溶液(200 g/L)。

3) 试验方法

利用试验溶液和试验材料与砖正面接触在一定时间内的反应,然后按规定的清洗方法清洗砖面,以砖面的明显变化来确定砖的耐污染性。

4) 试验步骤

(1) 将试样清洗干净,在(110±5)℃的温度下烘干,冷却至室温。

(2) 在砖正面涂上或滴上铬绿、碘酒液(13 g/L)、橄榄油3~4滴,保持24 h。

(3) 按以下四个步骤依次清洗试样表面:

① 在流动的热水(55±5)℃中清洗砖面并保持5 min,然后用湿布擦净砖面。

② 用普通的不含磨料的布在弱清洗剂中人工擦洗砖面,然后在流动的水下冲洗,擦净。

③ 用机械的方法在强清洗剂中清洗砖面,然后在流动的水下冲洗,擦净。

④ 试样在盐酸(3%体积分数)或氢氧化钾溶液(200 g/L)中浸泡24 h后,在流动的水下冲洗,擦净。

5) 结果评定

每次清洗后在(110±5)℃的温度下烘干试样,然后观察釉面的变化。按步骤(3)的①清洗后如果釉面未见变化,则为 5 级;如果污染不能擦掉,则进行下一个清洗程序。依此类推,分别定为 4、3、2、1 级。

9.5.3　热稳定性的测定

1)试验目的

(1)了解测定陶瓷材料热稳定性的实际意义。

(2)了解影响热稳定性的因素及提高热稳定性的措施。

(3)掌握陶瓷材料热稳定性的测定原理及方法。

2)试验设备

烘箱、地板砖、温度计、高温钳、红墨水。

3)试验方法

陶瓷的热稳定性取决于坯釉料的化学成分、矿物组成、相组成、显微结构、制备方法、成型条件及烧成制度等因素以及外界环境。由于陶瓷内外层受热不均匀,坯釉的热膨胀系数差异而引起陶瓷内部产生应力,导致机械强度降低,甚至发生开裂现象。

一般陶瓷的热稳定性与抗张强度成正比,与弹性模量、热膨胀系数成反比。而导热系数、比热容、密度也在一定程度上影响热稳定性。

釉的热稳定性在较大程度上取决于釉的膨胀系数。要提高陶瓷的热稳定性首先要提高釉的热稳定性。陶坯的热稳定性则取决于玻璃相、莫来石、石英及气孔的相对含量、粒径大小及其分布状况等。

陶瓷制品的热稳定性在很大程度上取决于坯釉的适应性,所以它也是带釉陶瓷抗后期龟裂性的一种反映。

陶瓷热稳定性测定方法一般是把试样加热到一定程度时,接着放入适当温度的水中,判定方法为:

(1)根据试样出现裂纹或损坏到一定程度时,所经受的热变换次数。

(2)经过一定的次数的热冷变换后机械强度降低的程度来决定热稳定性。

(3)试样出现裂纹时经受的热冷最大温差来表示试样的热稳定性,温差愈大,热稳定性愈好。

本实验采用直观开裂法,即方法 1 判断试样的热稳定性。

4)试验步骤

(1)测定流动冷却水的温度,以冷却水的实测温度加 100℃(即试验温差为 100℃)为起始温度,将加热装置升温至此温度保温。

(2)选取 5 块表面无裂纹缺陷的试样放入加热装置内,达到试验温度后保温 30 min。

(3)达到保温时间后将试样取出投入到冷却水中,冷却 5 min,取出试样,用布抹干,通过在试样表面粘上一层粉末或染色法观察试样表面是否有开裂,并记录开裂试样的个数。

(4)没有开裂的试样放入加热炉内,每次温差增加 20℃,按步骤(2)、(3)进行下一次热冷循环,直至 5 个试样中出现 2 个或 2 个以上的开裂试样为止。

5）试验结果

以出现或累计出现 2 个及 2 个以上开裂试样时的加热与冷却水的温差，表示该陶瓷材料的热稳定性。

课后思考题

1. 木材的纹路对测定其抗压强度有何影响？
2. 简述试样尺寸的选择对其测定木材的抗压、抗弯强度的影响。
3. 试样厚度为什么会对透光率产生影响？
4. 测定玻璃的化学稳定性有何意义？
5. 测定建筑陶瓷砖吸水率、断裂模数、破坏强度有何意义？

10

建筑防水材料试验

10.1 沥青针入度试验

10.1.1 试验目的

根据《沥青针入度测定法》(GB/T 4509—2010)，测定沥青的针入度，以确定沥青的黏滞性，评定沥青质量。

10.1.2 试验设备

1) 针入度仪

如图 10-1 所示，能使针连杆在无明显摩擦下垂直运动，并能指示穿入深度精确到 0.1 mm 的仪器均可使用。针连杆的质量为 (47.5±0.05)g。针和针连杆的总质量为 (50±0.05)g，另附 (50±0.05)g 和 (100±0.05)g 的砝码各一个，可以组成 (100±0.05)g 和 (200±0.05)g 的载荷以满足试验所需的载荷条件。仪器设有放置平底玻璃皿的平台，并有调节水平的装置，针连杆应与平台相垂直。仪器设有针连杆制动按钮，紧压按钮针连杆可自由下落。针连杆要易于装卸，以便定期检查其重量。

2) 标准针

由硬化回火的不锈钢制成，洛氏硬度为 54~60，针长约 50 mm，长针长约 60 mm，所有针的直径为 1.00~1.02 mm。针的一端应磨成 8.7°~9.7° 的锥形。圆锥表面粗糙度的算术平均值为 0.2~0.3 μm，针应装在一个黄铜或不锈钢的金属箍中。针箍及其附件总质量为 (2.50±0.05)g。每个针箍上打印单独的标志号码。每根针应附有国家计量部门的检验单，并定期进行检验。

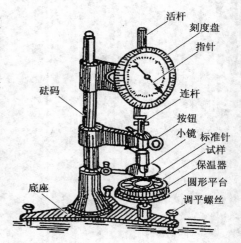

图 10-1 针入度仪

3）试样皿

金属或玻璃的圆柱形平底容器。试样皿的最小尺寸要求如下：针入度小于 40 时，试样皿直径为 33～55 mm，深度为 8～16 mm；针入度为 40～200 时，试样皿直径为 55 mm，深度为 35 mm；针入度为 200～350 时，试样皿直径为 55～75 mm，深度为 45～70 mm；针入度为350～500 时，试样皿直径为 55 mm，深度为 70 mm。

4）恒温水浴

容量不少于 10 L，能保持温度在试验温度下控制在±0.1℃范围。水浴中距水底部50 mm处有一个带孔的支架，这一支架离水面至少有 100 mm。如果针入度测定时在水浴中进行，支架应足够支撑针入度仪。在低温下测定针入度时，水浴中装入盐水。

5）平底玻璃皿

容量不少于 350 mL，深度要没过最大的试样皿。内设一个不锈钢三角支架，以保证试样皿稳定。

6）温度计

液体玻璃温度计，刻度范围为−8～55℃，分度值为 0.1℃。或满足此准确度、精度和灵敏度的测温装置均可用。温度计或测温装置应定期按检验方法进行校正。

7）计时器

刻度为 0.1 s 或小于 0.1 s，60 s 内的准确度达到±0.1 s 的任何计时装置均可。直接连到针入度仪上的任何计时设备应进行精确校正以提供±0.1 s 的时间间隔。

10.1.3 试验方法与步骤

针入度试验时，除非另行规定，标准针、针连杆与附加砝码的总质量为（100±0.05)g，温度为(25±0.1)℃，时间为 5 s。特定试验可采用的其他条件见《沥青针入度测定法》(GB/T 4509—2010)。

1）准备工作

（1）小心加热样品，不断搅拌以防局部过热，加热到使样品能够易于流动。加热时焦油沥青的加热温度不超过软化点 60℃，石油沥青不超过软化点 90℃。加热时间在保证样品充分流动的基础上尽量短。加热、搅拌过程中避免试样中进入气泡。

（2）将试样倒入预先选好的试样皿中，试样深度应至少是预计锥入深度的120%。如果试样皿的直径小于 65 mm，而预期针入度高于 200，每个试验条件都要倒 3 个样品。如果样品足够，浇注的样品要达到试样皿边缘。

（3）将试样皿松松地盖住以防灰尘落入。在 15～30℃的室温下，小的试样皿（ϕ33 mm×16 mm）中的样品冷却 45 min～1.5 h，中等试样皿（ϕ55 mm×35 mm）中的样品冷却 1～1.5 h，较大的试样皿中的样品冷却 1.5～2.0 h，冷却结束后将试样皿和平底玻璃皿一起放入测试温度下的水浴中，水面应没过试样表面 10 mm 以上。在规定的试验温度下恒温，小试样皿恒温 45 min～1.5 h，中等试样皿恒温 1～1.5 h，较大试样皿恒温 1.5～2.0 h。

2）试验步骤

（1）调节针入度仪使之水平,检查针连杆和导轨,确保上面无水和其他物质。如果预测针入度超过 350 应选择长针,否则用标准针。先用合适的溶剂将针擦干净,再用干净的布擦干,然后将针插入针连杆中固定。按试验条件选择合适的砝码并放好砝码。

（2）如果测试时针入度仪是在水浴中,则直接将试样皿放在浸在水中的支架上,使试样完全浸在水中。如果试验时针入度仪不在水浴中,将已恒温到试验温度的试样皿放在平底玻璃皿中的三角支架上,用与水浴相同温度的水完全覆盖样品,将平底玻璃皿放置在针入度仪的平台上。慢慢放下针连杆,使针尖刚刚接触到试样的表面,必要时用放置在合适位置的光源观察针头位置使针尖与水中针头的投影刚刚接触为止。轻轻拉下活杆,使其与针连杆顶端相接触,调节针入度仪上的表盘读数指零或归零。

（3）在规定时间内快速释放针连杆,同时启动秒表或计时装置,使标准针自由下落穿入沥青试样中,到规定时间使标准针停止移动,如图 10-2 所示。

（4）拉下活杆,再使其与针连杆顶端接触,此时表盘指针的读数即为试样的针入度,或自动方式停止锥入,通过数据显示设备直接读出锥入深度数值,得到针入度,用 1/10 mm 表示。

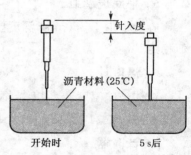

图 10-2　针入度测定示意图

（5）同一试样至少重复测定 3 次,各测试点之间及与试样皿边缘的距离都不得小于 10 mm。每次试验前都应将试样和平底玻璃皿放入恒温水浴中,每次测定都要用干净的针。当针入度小于 200 时可将针取下用合适的溶剂擦净后继续使用。当针入度超过 200 时,每个试样皿中扎一针,三个试样皿得到三个数据。或者每个试样至少用三根针,每次试验用的针留在试样中,直到三根针扎完时再将针从试样中取出。但这样测得的针入度的最高值和最低值之差,不得超过规范中关于重复性的规定。

10.1.4　结果计算与评定

（1）以三次测定针入度的平均值,取至整数,作为该沥青的针入度。三次测定的针入度值相差不应大于表 10-1 中的数值。

表 10-1　建筑石油沥青

项　目	质量指标		
	10	30	40
针入度(25℃,100 g,5 s)(1/10 mm)	10～25	26～35	36～50
针入度(46℃,100 g,5 s)(1/10 mm)	报告(注:报告应为实测值)		
针入度(0℃,200 g,5 s)(1/10 mm),≥	3	6	6
延度(25℃,5 cm/min)(cm),≥	1.5	2.5	3.5
软化点(℃),≥	95	75	60
溶解度(%),≥	99.0		

续表 10-1

项目	质量指标		
	10	30	40
蒸发后质量变化(163℃,5 h)(%),≤	1		
蒸发后 25℃针入度比(%),≥	65		
闪点(开口)(℃),≥	260		

如果误差超过了表10-2规定的范围,利用第二个样品重复试验。如果结果再次超过允许值,则取消所有的试验结果,重新进行试验。

表 10-2　针入度测定最大允许差值

针入度(1/10 mm)	0～49	50～149	150～249	250～350	350～500
允许差值(1/10 mm)	2	4	6	8	20

(2) 试验的重复性与再现性要求。重复性:同一操作者在同一试验室使用同一试验仪器对同一样品测得的两次结果不超过平均值的 4%。再现性:不同操作者在不同试验室用同一类型的不同仪器对同一样品测得的两次结果不超过平均值的 11%。

10.2　沥青延度试验

10.2.1　试验目的

根据《沥青延度测定法》(GB/T 4508—2010)测定沥青的延度,以确定沥青的塑性,评定沥青质量。

10.2.2　试验设备

1) 延度仪

如图 10-3 所示,试验时能按规定要求将试件持续浸没于水中,能以一定的速度拉伸试件,启动时无明显振动。

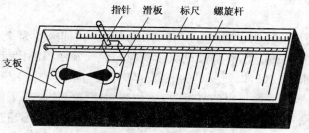

图 10-3　沥青延度仪

2）试件模具

由黄铜制造,由两个弧形端模和两个侧模组成,形状及尺寸如图10-4。

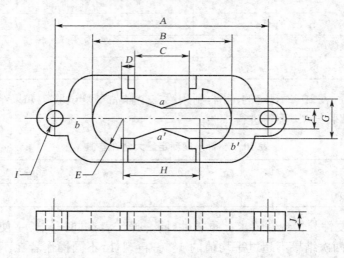

图 10-4　延度仪模具

A—两端模环中心点距离 111.5～113.5 mm;B—试件总长 74.5～75.5 mm;C—端模间距 29.7～30.3 mm;D—肩长 6.8～7.2 mm;E—半径 15.75～16.25 mm;F—最小横断面宽 9.9～10.1 mm;G—端模口宽 19.8～20.2 mm;H—两半圆心间距离 42.9～43.1 mm;I—端模孔直径 6.54～6.7 mm;J—厚度 9.9～10.1 mm。

3）恒温水浴

容量不少于 10 L,控制温差±0.1℃。试件浸入水中深度不得小于 100 mm,水浴中设置带孔的搁架以支撑试件,搁架距水浴底部不得小于 50 mm。

4）温度计

0～50℃,分度为 0.1℃和 0.5℃各一支。

5）隔离剂

以质量计,由两份甘油和一份滑石粉调制而成。

6）支撑板

黄铜板,一面应磨光至表面粗糙度为 $Ra0.63$。

10.2.3　试样制备

延度试验时,非经特殊说明,试验温度为(25±0.5)℃,拉伸速度为 (5±0.25)cm/min。

(1) 将模具组装在支撑板上,将隔离剂涂于支撑板表面及侧模的内表面,以防沥青沾在模具上。板上的模具要水平放好,以便模具的底部能够充分与板接触。

(2) 小心加热样品,充分搅拌以防局部过热,加热到使样品能够易于流动。焦油沥青样品加热温度不超过焦油沥青预计软化点 60℃,石油沥青样品加热温度不超过石油沥青预计软化点 90℃。样品的加热时间在不影响样品性质和在保证样品充分流动的基础上尽量短。

　　将熔化后的样品充分搅拌之后倒入模具中,在组装模具时要小心,不要弄乱了配件。在倒样时使试样呈细流状,自模的一端至另一端往返倒入,使试样略高出模具,将试件在空气中冷却 30～40 min,然后置于规定温度的水浴中保持 30 min 取出,用热的直刀或铲将高出模具的沥青刮除,使试样与模具齐平。

　　(3)将支撑板、模具和试件一起放入水浴中,并在试验温度下保持 85～95 min,然后从板上取下试件,拆掉侧模,立即进行拉伸试验。

10.2.4　试验步骤

　　(1)将模具两端的孔分别套在沥青延伸仪的柱上,然后以一定的速度拉伸,直到试件拉伸断裂。拉伸速度允许误差在±5%以内,测量试件从拉伸到断裂所经过的距离,以"cm"表示,如图 10-5 所示。试验时,试件距水面和水底的距离不小于 2.5 cm,并且要使温度保持在规定温度的±0.5℃范围内。

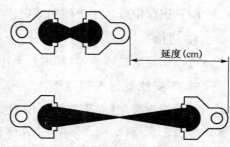

图 10-5　延度测定示意图

　　(2)如果沥青浮于水面或沉入槽底时,则试验不正常。应使用乙醇或氯化钠调整水的密度,使沥青材料既不浮于水面,又不沉入槽底。

　　(3)正常的试验应将试样拉成锥形或线形或柱形,直至在断裂时实际横断面面积接近于零或一均匀断面。如果三次试验得不到正常结果,则报告在该条件下延度无法测定。

10.2.5　结果计算与评定

　　(1)若 3 个试件测定值在其平均值的 5%内,取平行测定 3 个结果的平均值作为测定结果。若 3 个试件测定值不在其平均值的 5%以内,但其中两个较高值在平均值的 5%以内,则弃去最低测定值,取两个较高值的平均值作为测定结果,否则重新测定。

　　(2)试验的重复性与再现性要求。重复性:同一操作者在同一试验室使用同一试验仪器对在不同时间同一样品进行试验得到的结果不超过平均值的 10%。再现性:不同操作者在不同试验室用相同类型的仪器对同一样品进行试验得到的结果不超过平均值的 20%。

10.3　沥青软化点试验

10.3.1　试验目的

　　根据《沥青软化点测定法》(GB/T 4507—1999)(环球法),测定沥青的软化点,以确定沥青的耐热性,评定沥青质量。

10.3.2　试验设备

1）环

黄铜肩(亦称肩环)两只,其尺寸规格见图 10-6(a)。

2）球

两只直径为 9.5 mm 的钢球,每只质量为(3.50±0.05)g。

3）钢球定位器

两只钢球定位器用于使钢球定位于试样中央,其形状和尺寸见图 10-6(b)。

4）浴槽

可以加热的玻璃容器,其内径不小于 85 mm,离加热底部的深度不小于 120 mm。

5）环支撑架与支架系统

一只铜支撑架(亦称支架),用于支撑两个水平位置的环,其形状和尺寸见图 10-6(c);支架系统由上支撑板、铜支撑架、下支撑板用长螺栓连接而成,支架系统置于浴槽内,其装配示意见图 10-6(d)。支撑架上的肩环的底部距离下支撑板的表面为 25 mm,下支撑板的下表面距离浴槽底部为（16±3)mm。

6）温度计

测温范围在 30～180℃,最小分度值为 0.5℃的全浸式温度计。

7）材料

新煮沸过的蒸馏水或甘油,用作加热介质;隔离剂以两份甘油和一份滑石粉调制而成(以重量计)。

8）其他

0.3～0.5 mm 的金属网筛;电炉或其他加热器。

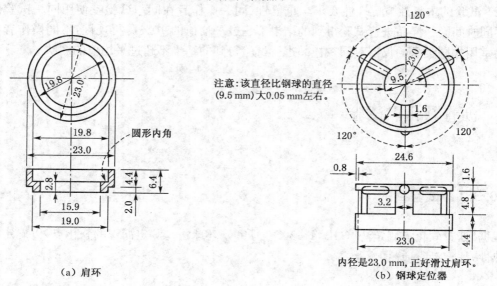

注意:该直径比钢球的直径(9.5 mm)大0.05 mm左右。

内径是23.0 mm,正好滑过肩环。

（a）肩环　　　　　　　　　　　　　（b）钢球定位器

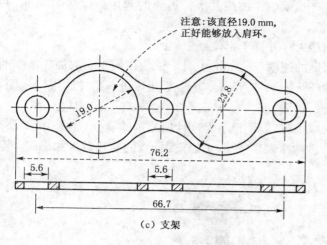

（c）支架

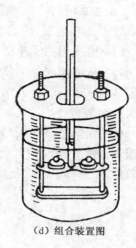

（d）组合装置图

图 10-6   环、钢球定位器、支架、组合装置图

10.3.3   试验方法与步骤

1）准备工作

（1）所有石油沥青试样的准备和测试必须在 6 h 内完成，焦油沥青必须在 4.5 h 内完成。小心加热试件，并不断搅拌以防局部过热，直到样品变得流动。小心搅拌以免气泡进入样品中。

（2）石油沥青样品加热温度不超过预计沥青软化点 110℃，加热至倾倒温度的时间不超过 2 h。

（3）焦油沥青样品加热温度不超过焦油沥青预计软化点 55℃，加热至倾倒温度的时间不超过 30 min。

（4）如果重复试验，不能重新加热样品，应在干净的容器中用新鲜样品制备试样。

（5）若估计软化点在 120℃ 以上，应将肩环与铜支撑板预热至 80～100℃，然后将肩环放到涂有隔离剂的支撑板上，否则会出现沥青试样从肩环中完全脱落。

（6）向每个环中倒入略过量的沥青试样，让试件在室温下至少冷却 30 min。对于在室温下较软的样品，应将试件在低于预计软化点 10℃ 以上的环境中冷却 30 min，从开始倒试样时起至完成试验的时间不得超过 240 min。

（7）当试样冷却后，用稍加热的小刀或刮刀干净地刮去多余的沥青，使得每一个圆片饱满且和环的顶部齐平。

2）试验步骤

（1）选择加热介质。新煮沸过的蒸馏水适用于软化点为 30～80℃ 的沥青，起始加热介质温度应为（5±1）℃；甘油适于软化点为 80～157℃ 的沥青，起始加热介质温度应为（30±1）℃。

（2）把仪器放在通风橱内并配置两个样品环、钢球定位器，并将温度计插入合适的位置，浴槽装满加热介质，并使各仪器处于适当位置。用镊子将钢球置于浴槽底部，使其同支架的其他部位达到相同的起始温度。

（3）如果有必要，将浴槽置于冰水中，或小心加热并维持适当的起始浴温达 15 min，并使仪器处于适当位置，注意不要污染浴液。

（4）再次用镊子从浴槽底部将钢球夹住并置于定位器中。

（5）从浴槽底部加热使温度以恒定的速率 5℃/min 上升。试验期间不能取加热速率的平均值，但在 3 min 后，升温速度应达到(5±0.5)℃/min。若温度上升速率超过此限定范围，则此次试验失败。

（6）当两个试环的球刚触及下支撑板时，分别记录温度计所显示的温度，如图 10-7 所示。无需对温度计的浸没部分进行校正。取两个温度的平均值作为沥青的软化点。如果两个温度的差值超过 1℃，则重新试验。

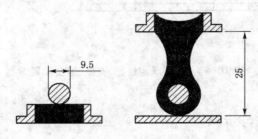

图 10-7　软化点测定示意图

10.3.4　结果计算与评定

（1）取两个结果的平均值作为测定结果，并同时报告浴槽中使用加热介质的种类。

（2）试验的重复性与再现性要求。重复性：重复测定两次结果的差值不得大于 1.2℃。再现性：同一试样由两个试验室各自提供的试验结果之差不应超过 2.0℃。

10.4　沥青混合料马歇尔稳定度试验

10.4.1　试验目的与适用范围

马歇尔稳定度试验是对标准击实的试件在规定的温度和速度等条件下受压，测定沥青混合料的稳定度和流值等指标所进行的试验。

本方法适用于标准马歇尔稳定度试验和浸水马歇尔稳定度试验。标准马歇尔稳定度试验主要用于沥青混合料的配合比设计及沥青路面施工质量检验。浸水马歇尔稳定度试验（根据需要，也可进行真空饱水马歇尔试验）主要是检验沥青混合料受水损害时抵抗剥落的能力，通过测试其水稳定性检验配合比设计的可行性。

10.4.2　试验设备

马歇尔稳定度试验仪:符合《马歇尔稳定度试验仪》(JT/T 119—2006)技术要求的产品。包括手动式和自动式。

恒温水槽:能保持水温于测定温度±1℃的水槽,深度不少于 150 mm。

真空饱水容器:包括真空泵及真空干燥器。

烘箱。

温度计:分度 1℃。

马歇尔试件高度测定器。

其他:卡尺、棉纱、黄油。

10.4.3　标准马歇尔试验方法

1) 准备工作

(1) 成型马歇尔试件,尺寸应符合 $\phi(101.6\pm0.25)$ mm,高 (63.5 ± 1.3) mm 的要求。

(2) 测量试件的直径及高度。用卡尺测量试件中部的直径,用马歇尔试件高度测定器或用卡尺在十字对称的 4 个方向量测离试件边缘 10 mm 处的高度,准确至 0.1 mm,并以其平均值作为试件的高度。如试件高度不符合 (63.5 ± 1.3) mm 要求或两侧高度差大于 2 mm 时,此试件应作废。

(3) 按规定的方法测定试件的密度、空隙率、沥青体积百分率、沥青饱和度、矿料间隙率等物理指标。

(4) 将恒温水浴调节至要求的试验温度,对黏稠石油沥青或烘箱养生过的乳化沥青混合料为 (60 ± 1)℃,对焦油沥青混合料为 (33.8 ± 1)℃,对空气养生的乳化沥青或液体沥青混合料为 (25 ± 1)℃。

2) 试验步骤

(1) 将标准试件置于已达规定的温度的恒温水槽中保温 30～40 min。试件之间应有间隔,底下应垫起,离容器底部不小于 5 cm。

(2) 将马歇尔试验仪的上下压头放入水槽或烘箱中达到同样温度。将上下压头从水槽或烘箱中取出拭干净内面。为使上下压头滑动自如,可在下压头的导棒上涂少量黄油。再将试件取出置于下压头上,盖上上压头,然后装在加载设备上。

(3) 在上压头的球座上放妥钢球,并对准荷载测定装置的压头。

(4) 当采用自动马歇尔试验仪时,将自动马歇尔试验仪的压力传感器、位移传感器与计算机或 X-Y 记录仪正确连接,调整好适宜的放大比例。调整好计算机程序或将 X-Y 记录仪的记录笔对准原点。

(5) 当采用压力环和流值计时,将流值计安装在导棒上,使导向套管轻轻地压住上压头,同时将流值计读数调零。调整压力环中百分表,对零。

(6) 启动加载设备,使试件承受荷载,加载速度为 (50 ± 5)mm/min。计算机或 X-Y 记录仪自动记录传感器压力和试件变形曲线,并将数据自动存入计算机。

(7) 当试验荷载达到最大值的瞬间,取下流值计,同时读取压力环中百分表读数及流值计的流值读数。

(8) 当恒温水槽中取出试件至测出最大荷载值的时间,不得超过 30 s。

10.4.4　浸水马歇尔试验方法

浸水马歇尔试验方法与标准马歇尔试验方法的不同之处,在于试件在已达规定温度恒温水槽中的保温时间为 48 h,其余均与标准马歇尔试验方法相同。

10.4.5　真空饱水马歇尔试验方法

试件先放入真空干燥器中,关闭进水胶管,开动真空泵,使干燥器的真空度达到 97.3 kPa (730 mm Hg)以上,维持 15 min,然后打开进水胶管,靠负压进入冷水流使试件全部浸入水中,浸水 15 min 后恢复常压,取出试件再放入已达规定温度的恒温水槽中保温 48 h,进行马歇尔试验,其余与标准马歇尔试验方法相同。

10.4.6　结果计算与评定

1) 试件的稳定度及流值

(1) 由荷载测定装置读取的最大值即为试样的稳定度,以"kN"计,准确至 0.1 kN。

(2) 由流值计及位移传感器测定装置读取的试件垂直变形,即为试件的流值(FL),以"mm"计,准确至 0.1 mm。

2) 试件的马歇尔模数

试件的马歇尔模数按下式计算:

$$T = \frac{MS}{FL} \tag{10-1}$$

式中:T——试件的马歇尔模数(kN/mm);

　MS——试件的稳定度(kN);

　FL——试件的流值(mm)。

3) 试件的浸水残留稳定度

试件的浸水残留稳定度按下式计算:

$$MS_0 = \frac{MS_1}{MS} \times 100\% \tag{10-2}$$

式中:MS_0——试件的浸水残留稳定度(%);

　MS_1——试件浸水 48 h 后的稳定度(kN)。

4）试件的真空饱水残留稳定度

试件的真空饱水残留稳定度按下式计算：

$$MS_0' = \frac{MS_2}{MS} \times 100\%\qquad(10\text{-}3)$$

式中：MS_0'——试件的真空饱水残留稳定度（%）；

MS_2——试件真空饱水后浸水 48 h 后的稳定度（kN）。

当一组测试值中某个数据与平均值之差大于标准差的 K 倍时，该测定值应予舍弃，并以其余测定值的平均值作为试验结果。当试验数目 n 为 3、4、5、6 个时，K 值分别为 1.15、1.46、1.67、1.82。

10.5　防水卷材试验

防水卷材是一种可卷曲的片状防水材料，在建筑防水工程中应用广泛，主要是用于建筑墙体、屋面，以及隧道、公路、垃圾填埋场等处。沥青防水卷材是以合成高分子聚合物改性沥青为涂盖层，纤维织物或纤维毡为胎体，粉状、粒状、片状或薄膜材料为覆面材料制成；合成高分子防水卷材是以合成橡胶、合成树脂或它们两者的共混体为基料，加入适量的化学助剂和填充料等，经混炼、压延或挤出等工序加工而制成，是新型防水卷材。

防水卷材品种众多，检测参数各异，一般检测项目有不透水性、拉伸性能、低温柔度、撕裂强度、耐热度等，各测定项目的取样方法及数量不尽相同。现仅选出常见、有代表性的几个品种列出取样及制备要求，具体参照各产品的测定标准。

10.5.1　不透水性试验

不透水性是指柔性防水卷材防水的能力，根据试验过程，具体指在整个试验过程中承受水压后试件表面的滤纸不变色或最终压力与开始压力相比下降不超过 5% 的性质。

1）适用范围及目的

适用于沥青和高分子屋面防水卷材测定不透水性，即产品耐积水或有限表面承受水压。对于低压力场合使用的卷材（如屋面、基层、隔气层）以其在 60 kPa 压力下保持（24±1）h 时滤纸有无变色判断其不透水性；对于高压力场合使用的卷材（如特殊屋面、隧道、水池）以试件在开封盘（或 7 孔圆盘）中加压至规定压力保持（24±1）h（7 孔圆盘保持（30±2）min）时试件的不透水性。

2）试验试件

（1）低压力场合使用的卷材采用圆形试件，直径为（200±2）mm。

（2）高压力场合使用的卷材采用试件直径不小于盘外径（约 130 mm）。

试验前，试件在 235℃下放置至少 6 h。且试验在（23±5）℃进行，产生争议时，在（23±

2)℃、相对湿度(50±5)％下进行。

3）试验设备

（1）低压力场合使用的为低压力不透水性装置，为一个带法兰盘的金属圆柱体箱体，孔径为150 mm，并连接到开放管子末端或容器，如图10-8。

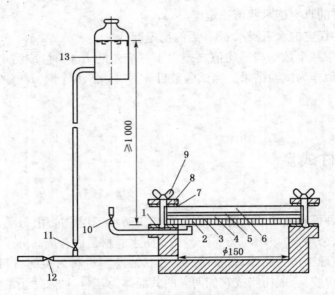

图 10-8　低压力不透水性装置

1—下橡胶密封垫圈；2—试件的迎水面是通常暴露于大气/水的面；3—实验室用滤纸；4—湿气指示混合物，均匀的铺在滤纸上面，湿气透过试件能容易地探测到，指示剂由细白糖(冰糖)(99.5％)和亚甲基兰染料(0.5％)组成的混合物，用0.074 mm筛过滤并在干燥器中用氯化钙干燥；5—实验室用滤纸；6—圆的普通玻璃板，其中水压≤10 kPa时其厚为5 mm，水压≤60 kPa时其厚为8 mm；7—上橡胶密封垫圈；8—金属夹环；9—带翼螺母；10—排气阀；11—进水阀；12—补水和排水阀；13—提供和控制水压到60 kPa的装置

（2）高压力场合使用的不透水仪，由两部分组成（如图10-9），由压力试验装置产生压力作用于试件的一面，并用有四个狭缝的盘（图10-10）（或7孔圆盘（图10-11））盖上试样。

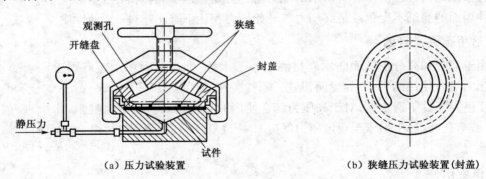

（a）压力试验装置　　　　　　　　　　　（b）狭缝压力试验装置（封盖）

图 10-9　高压力不透水仪

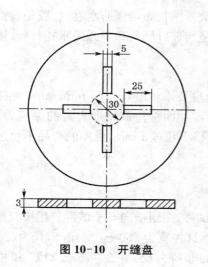

图 10-10   开缝盘

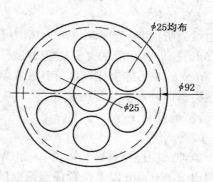

图 10-11   7 孔圆盘

4）试验方法及步骤

（1）低压力场合使用的卷材

① 将试件放在不透水仪上,旋紧翼形螺母固定夹环,打开进水阀让水进入,同时打开排气阀排出空气,直至水出来关闭排气阀,说明设备已水满。

② 调整试件上表面所要求的压力,保持压力(24±1)h。

③ 检查试件,观察上面滤纸有无变色。

（2）高压力场合使用的卷材

① 不透水仪充水直到满出,彻底排除水管中的空气。

② 试件的上表面朝下放置在透水盘上,盖上规定的开缝盘(或 7 孔圆盘),其中一个缝的方向与卷材纵向平行。放上封盖,慢慢夹紧直到试件夹紧在盘上,用布或压缩空气干燥试件的非迎水面,慢慢加压到规定的压力。

③ 达到规定的压力后,保持压力（24±1）h（7 孔盘保持规定压力（30±2)min）。试验时观察试件的不透水性(水压突然下降或试件的非迎水面有水)。

5）结果判定

所有试件在规定时间不透水即可判定不透水性试验符合要求。

10.5.2   拉伸性能试验

防水卷材的拉伸指防水卷材承受一定荷载、应力或在一定变形的条件下不断裂的性能。常用拉力、拉伸强度和断裂伸长率等指标表示。对于沥青防水卷材和高分子防水卷材,其拉伸性能的测试有所区别。

1）沥青防水卷材拉伸性能的测定

（1）适用范围及目的

此方法适用于石油沥青纸胎油毡、弹性体改性沥青防水卷材、塑性体改性沥青防水卷材、沥青复合胎柔性防水卷材、胶粉改性沥青玻纤毡与玻纤网格布增强防水卷材、胶粉改性沥青玻纤毡与聚乙烯膜增强防水卷材、胶粉改性沥青聚酯毡与玻纤网格布增强防水卷材、改性沥青聚乙烯胎防水卷材等的拉力试验。

（2）试验设备

拉力试验机：测量范围 0～2 000 N，夹具移动速度要求 (100±10) mm/min，夹持宽度不小于 50 mm；拉伸试验机的夹具能随着试件拉力的增加而保持或增加夹具的夹持力，对于厚度不超 3 mm 的产品能夹住试件使其在夹具中的滑移不超过 1 mm，更厚的产品不超过 2 mm，且不应在夹具内外产生过早的破坏。

量尺：精确度 0.1 cm。

（3）试验试件

整个拉伸试验应制备两组试件，一组纵向 5 个试件，一组横向 5 个试件。用模板或裁刀在试样上距边缘 100 mm 以上位置任意裁取试件，矩形试件宽为 (50±0.5) mm，长为 (200 mm + 2×夹持长度)，长度方向为试验方向，去除表面的非持久层，并在 (23±2)℃ 和相对湿度 30%～70% 的条件下至少放置 20 h。

（4）试验步骤

调整好拉力机后，将试件紧紧地夹在拉伸试验机的夹具中，注意试件长度方向的中线与试验机夹具中心在一条线上，夹具间距离为 (200±2) mm，速度为 (100±10) mm/min 或者 50 mm/min。为防止试件从夹具中滑移，所以应做标记。开动试验机使受拉试件被拉断为止，读出拉断时试验机的读数即为试件的拉力 F，及夹具间的距离 L。

（5）结果计算与评定

记录得到的拉力和距离，最大的拉力和对应的由夹具（或引伸计）间距离与起始距离的百分率计算的延伸率。去除任何在夹具 10 mm 以内断裂或在试验机夹具中滑移超过极限值的试件的试验结果，用备用件重测。

最大拉力单位为 N，对应的延伸率用百分率表示，作为试件同一方向结果。分别记录每个方向 5 个试件的拉力值和延伸率，计算平均值。拉力的平均值修约到 5 N，延伸率的平均值修约到 1%。同时，对于复合增强的卷材在应力应变图上有两个或更多的峰值，拉力和延伸率应记录两个最大值。

2）高分子防水卷材拉伸性能的测定

（1）适用范围及目的

适用于高分子防水卷材片材类，聚氯乙烯防水卷材、氯化聚乙烯防水卷材等的拉伸试验。

（2）试验设备

与沥青防水卷材测定一致。

（3）试验试件

除非有其他规定，整个拉伸试验应准备 2 组试件，一组纵向 5 个试件，一组横向 5 个试件。用模板或裁刀在距试样边缘 (100±10) mm 以上裁取试件。此方法分两类试件，试件 A 类和试件 B 类。两类试件的尺寸规定见表 10-3。

方法 A：矩形试件为 (50±5) mm×200 mm，如图 10-12 所示。

方法 B：哑铃型试件为 (6±0.4) mm×115 mm，如图 10-13 所示。

去除表面的非持久层，且试件中的网格布、织物层、衬垫或层合增强层在长度或宽度方

向应裁一样的经纬数,避免切断筋,在(23±2)℃和相对湿度(50±5)%的条件下至少放置
20 h。

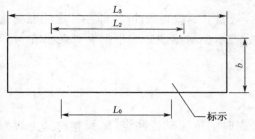

图 10-12 矩形试件　　　　　　　图 10-13 哑铃型试件

表 10-3 试件尺寸规定

方法	方法 A(mm)	方法 B(mm)
全长,至少(L_3)	>200	>115
端头宽度(b_1)		25±1
狭窄平行部分长度(L_1)		33±2
宽度(b)	50±0.5	6±0.4
小半径(r)		14±1
大半径(R)		25±2
标记间距离(L_0)	100±5	25±0.25
夹具间起始间距(1_2)	120	80±5

(4)试验步骤

将试件紧紧地夹在拉伸试验机的夹具中,注意试件长度方向的中线与试验机夹具中心在一条线上。夹具移动速度为(100±10)mm/min,橡胶类(500±50)mm/min,树脂类(250±50)mm/min。试验在试验环境条件下进行,夹具移动的速度恒定,连续记录拉力和对应夹具(或引伸计)间分开的距离,直至试件断裂,读取断裂时力 F_b,试件断裂时标线间的长度 L_b,若试件在标线外断裂,数据作废。

(5)结果计算与评定

① 最大拉力单位为 N/50 mm,对应的延伸率用百分率表示,作为试件同一方向结果。分别记录每个方向 5 个试件的拉力值和延伸率,计算平均值。拉力的平均值修约到 5 N,延伸率的平均值修约到 1%。

② 计算公式

拉伸强度　　　　　　　　　　　$$TS_b = F_b/W \tag{10-4}$$

扯断伸长率　　　　　　　$$E_b = (L_b - L_0)/L_0 \times 100\% \tag{10-5}$$

式中:W——哑铃试件狭小平行部分宽度或矩形试件的宽度(mm)。

③ 试件的所取中值达到标准规定的指标判为该项合格。

10.5.3　温度稳定性试验

温度稳定性指在高温下不流淌、不起泡、不滑动,低温下不脆裂的性能,即在一定温度变化下保持原有性能的能力。常用耐热度、耐热性等指标表示。耐热性试验根据沥青防水卷材和高分子防水卷材类别不同,其测试方法有所区别。

1）沥青防水卷材耐热性的测定

（1）适用范围及目的

该测定方法规定了沥青屋面防水卷材在温度升高时的抗流动性测定,试验卷材的上表面和下表面在规定温度或连续在不同湿度测定的耐热性极限。主要检验产品耐热性要求,或测定规定产品的耐热性极限,如测定老化后性能的变化结果。

本方法不适用于无增强层的沥青卷材。

（2）试验设备

① 电热恒温干燥箱:带有热风循环装置,在试验范围内最大温度波动±2℃,当门打开30 s后,恢复温度到工作温度的时间不超过 5 min。箱内带有可悬挂的平板。

② 悬挂装置:至少 100 mm 宽,能夹住试件的整个宽度在一条线,并被悬挂在试验区域。

③ 光学测量装置:刻度至少 0.1 mm。

（3）试验试件

矩形试件尺寸（115±1）mm×（100±1）mm,试件均匀地在试样宽度方向裁取,长边是卷材的纵向。试件应距卷材边缘 150 mm 以上,试件从卷材的一边开始连续编号,卷材上表面和下表面应标记。去除任何非持久保护层,适宜的方法是常温下用胶带粘在上面,冷却到接近假设的冷弯温度,然后从试件上撕去胶带。另一种方法是用压缩空气吹（压力约 0.5 MPa,喷嘴直径约 0.5 mm）。假若以上的方法不能除去保护膜,用火焰烤,用最少的时间破坏膜而不损伤试件。

在试件纵向的横断面一边,上表面和下表面的大约 15 mm 一条的涂盖层去除直至胎体,若卷材有超过一层的胎体,去除涂盖料直到另外一层胎体。在试件中间区域的涂盖层也从上表面和下表面的两个接近处去除,直至胎体。为此,可采用热刮刀或类似装置,小心地去除涂盖层,不损坏胎体。两个内径约 4 mm 的插销在裸露区域穿过胎体。任何表团浮着的矿物料或表面材料通过轻轻敲打试件去除。然后将标记装置放在试件两边插入插销定位于中心位置,在试件表面整个宽度方向沿着直边用记号笔垂直画一条线（宽度约 0.5 mm）,操作时试件平放。

试件试验前至少放置在（23±2）℃ 的平面上 2 h,相互之间不要接触或粘住,有必要时,将试件分别放在硅纸上防止黏结。

（4）试验步骤

① 将制备的一组三个试件露出的胎体处用悬挂装置夹住,涂盖层不要夹到。必要时,用如硅纸的不粘层包住两面便于在试验结束时除去夹子。

② 制备好的试件垂直悬挂在烘箱的相同高度,间隔至少 30 mm,此时烘箱的温度不能下降太多,开关烘箱门放入试件的时间不超过 30 s。放入试件后加热时间为（120±2）min。

③ 加热周期一结束,将试件和悬挂装置一起从烘箱中取出,相互间不要接触,在（23±2）℃ 条件下自由悬挂冷却至少 2 h。

④ 除去悬挂装置,在试件两面画第二个标记,用光学测量装置在每个试件的两面测量两

个标记底部间最大距离 ΔL，精确到 0.1 mm。

（5）结果计算与评定

在试验温度下卷材上表面和下表面的滑动平均值不超过 2.0 mm 认为合格。

2）高分子防水卷材耐热性的测定

适用范围及目的、仪器设备、试件及试验步骤均与沥青防水卷材测定一致。不同之处在于加热周期一结束，试件从烘箱中取出，相互之间不要接触，目测观察并记录试件表面的涂盖层有无滑动、流淌、滴落、集中性气泡。集中性气泡指破坏涂盖层原形的密集气泡。其数据处理以试件任意端涂盖层不应与胎基发生位移，试件下端的涂盖层不应超过胎基，无流淌、滴落、集中性气泡，为规定温度下耐热性符合要求。且规定一组三个试件都符合标准要求即可判定为该项合格。

10.5.4 低温柔度试验

柔韧性指在低温条件下保持柔韧性的性能，它对保证易于施工、不脆裂十分重要，常用柔度、低温弯折性等指标表示。

1）沥青防水卷材低温柔度的测定

沥青防水卷材柔性指沥青防水卷材试件在规定温度下弯曲无裂缝的能力。冷弯温度是指沥青防水卷材绕规定的棒弯曲无裂缝的最低温度。

（1）适用范围

适用于增强的和没有增强的沥青屋面防水卷材低温柔性。

（2）试验设备

① 低温箱

有空气循环的低温空间，可调节温度至 -45℃，精度 ±2℃，符合标准低温柔性与低温弯折的温度要求。

② 低温柔度测试仪

装置上部由两个直径（20 ± 0.1）mm 不旋转的圆筒，一个直径（30 ± 0.1）mm 的圆筒或半圆筒弯曲轴组成，可以根据样品要求替换其他直径弯曲轴，如 20 mm、50 mm 等，该轴在两个圆筒中间，能够向上移动。两个圆筒间距离可以调节，即圆筒和弯曲轴间的距离能调节为卷材的厚度。整个装置浸入能控制温度在 $+20\sim-40$℃、精度 0.5℃温度条件冷冻液中。试验时，试件完全浸入冷冻液中，弯曲轴可以保持（360 ± 40）mm/min 的速度移动，并使试件能够弯曲 180°，且试验结束，试件应露出冷冻液，如图 10-14。

③ 冷冻液

不与卷材反应的液体，如低于 -20℃的乙醇/水混合物（体积比 2∶1），丙烯乙二醇/水溶液（体积比 1∶1）等。

④ 柔度棒或弯板

半径 r 为 15 mm、25 mm 等。

（3）试验试样

用矩形试件尺寸（150 ± 1）mm $\times$（25 ± 1）mm，试件从试样宽度方向上均匀地裁取，长边在卷材的纵向，试件裁取时应距卷材边缘不少于 150 mm，试件应从卷材的一边开始做连续的

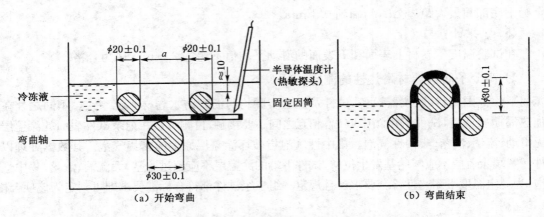

图 10-14 试验装置原理和弯曲过程

记号,同时标记卷材上表面和下表面。去除表面的任何保护膜,适宜的方法是常温下用胶带粘在上面,冷却到接近假设的冷弯温度,然后从试件上撕去胶带。另一种方法是用压缩空气吹(压力约 0.5 MPa),喷嘴直径约 0.5 mm。假若以上方法不能除去保护膜,用火焰烤,用最少的时间破坏膜而不损伤试件。

试件试验前应在 (23±2)℃ 的平板上放置至少 4 h,并且相互之间不能接触,也不能粘在板上。可以用硅纸垫,表面的松散颗粒用手轻轻敲打除去。两组各 5 个试件,全部试件按规定温度处理后,一组是上表面试验,另一组是下表面试验。

(4) 试验步骤

① 低温柔性的测定

将试件放置在圆筒和弯曲轴之间,试验面朝上,然后设置弯曲轴以 (360±40) mm/min 速度顶着试件向上移动,试件同时绕轴弯曲。轴移动的终点在圆筒上面 (30±1) mm 处。试件的表面明显露出冷冻液,同时液面也因此下降。在弯曲过程 10 s 内,在适宜的光源下用肉眼检查试件有无裂纹,必要时,用辅助光学装置帮助。假若有一条或更多的裂纹从涂盖层深入到胎体层,或完全贯穿无增强卷材,即存在裂缝。

一组五个试件应分别试验检查。假若装置的尺寸满足,可以同时试验几组试件。

② 冷弯温度的测定

假若沥青卷材的冷弯温度要测定(如人工老化后变化的结果),冷弯温度的范围(未知)最初测定,从期望的冷弯温度开始,每隔 6℃ 试验每个试件,因此每个试验温度都是 6℃ 的倍数(如 -12℃、-18℃、-24℃ 等)。

从开始导致破坏的最低温度开始,每隔 2℃ 分别试验每组五个试件的上表面和下表面,连续的每次 2℃ 的改变温度。

(5) 结果判定

① 规定温度的柔度结果:一个试验面 5 个试件在规定温度至少 4 个无裂缝为通过,上表面和下表面的试验结果要分别记录。

② 冷弯温度测定的结果:测定冷弯温度时,要求按试验得到的温度应 5 个试件中至少 4 个通过,该冷弯温度是该卷材试验面的,上表面和下表面的结果应分别记录(卷材的上表面和下表面可能有不同的冷弯温度)。

2）高分子防水卷材低温弯折性的测定

与沥青防水卷材不同,高分子卷材在低温下的柔性用低温弯折性评定。

（1）适用范围

适用于高分子屋面防水卷材暴露在低温下弯折性能的测定方法。

（2）试验设备

① 弯折板

由金属制成的上下平板间距离可任意调节。

② 低温试验箱

有空气循环的低温空间,可调节温度至－45℃,精度±2℃,符合标准低温柔性与低温弯折的要求。

（3）检查工具

6 倍玻璃放大镜。

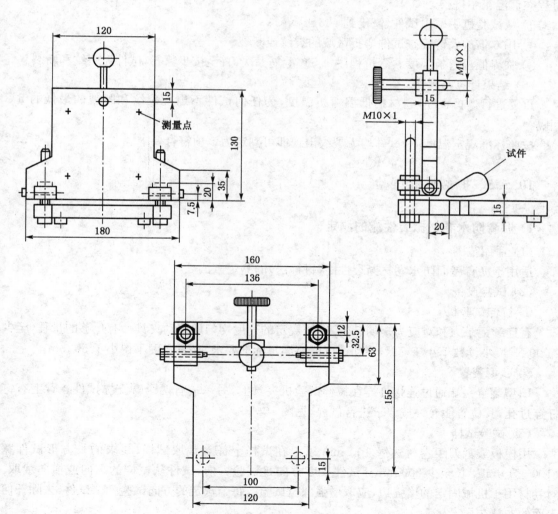

图 10-15 弯折装置示意图

（4）试验试样

每个试验温度取四个 100 mm±50 mm 试件，两个卷材纵向（L），两个卷材横向（T）。试验前试件应在（23±2）℃ 和相对湿度（50±5）% 的条件下放置至少 20 h。

（5）试验步骤

① 实验条件

除了低温箱，试验步骤中所有操作在（23±5）℃ 进行。沿长度方向弯曲试件，将端部固定在一起，例如用胶带粘。卷材的上表面弯曲朝外，如此弯曲固定一个纵向、一个横向试件，再使卷材的上表面弯曲朝内，如此弯曲另外一个纵向和横向试件。

② 调节弯折试验机的两个平板间的距离为试件全厚度的 3 倍。

③ 放置弯曲试件在试验机上，胶带端对着平行于弯板的转轴。放置翻开的弯折试验机和试件于调好规定温度的低温箱中。

④ 放置 1 h 后，弯折试验机从垂直位置到水平位置，1 s 内合上，保持该位置1 s，整个操作过程在低温箱中进行。

⑤ 从试验机中取出试件，恢复到（23±5）℃。

⑥ 用 6 倍放大镜检查试件弯折区域的裂纹或断裂。

⑦ 临界低温弯折温度。弯折程序每 5℃ 重复一次，直至按步骤⑥，试件无裂纹和断裂。

（6）结果计算与评定

重复进行弯折程序，卷材的低温弯折温度，为任何试件不出现裂纹和断裂的最低的 5℃ 间隔。

按照标准规定温度下，试件均无裂纹出现即可判定为该项符合要求。

10.5.5 撕裂性能试验

1）沥青防水卷材撕裂性能的测定

（1）适用范围

适用于沥青屋面防水卷材撕裂性能（钉杆法）的测定方法。

（2）试验设备

① 拉伸试验机

有连续记录力和对应力矩的装置，能按规定的速度均匀地移动夹具。有足够的量程，至少 2 000 N，最小读数不小于 5 N，移动速度能够满足标准要求，夹具宽度不得小于 50 mm。

② U 型装置

U 型装置一端通过连接件连在拉伸试验机夹具上，另一端有两个臂支撑试件。臂上有钉杆穿过孔，其位置能允许按要求进行试验，见图 10-16。

（3）试验试样

用模板或裁刀距卷材边缘 100 mm 以上在试样上任意裁取试样，要求的长方形试件宽（100±1）mm，长至少 200 mm。试件长度方向是试验方向，试件从试样的纵向或横向裁取。对卷材用于机械固定的增强边，应取增强部位试验。每个选定的方向试验 5 个试件，去除任何表面的非持久层。

试验前试件应在（23±2）℃ 和相对湿度 30%～70% 的条件下放置至少 20 h。

（4）试验步骤

① 试件放入大开的 U 型头的两臂中，用一直径（2.5±0.1）mm 的尖钉穿过 U 型头的孔位置，同时钉杆位置在试件的中心线，距 U 型头中试件一端（50±5）mm。

② 钉杆距上夹具的距离是（100±5）mm。

③ 把该装置试件一端的夹具和另一端的 U 型头放入拉伸试验机，开动试验机使穿过材料面的钉杆直到材料的末端。

④ 试验在（23±2）℃ 进行，拉伸速度（100±10）mm/min。

⑤ 穿过试件钉杆的撕裂力应连续记录。

（5）结果计算与评定

连续记录的力，试件撕裂性能（钉杆法）是记录试验的最大力。每个试件分别列出拉力值，计算平均值，精确到 5 N，记录试验方向。

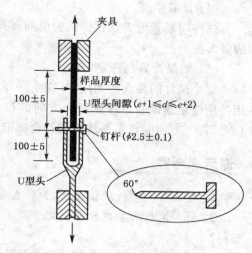

图 10-16　钉杆撕裂试验

2）高分子防水卷材撕裂性能的测定

（1）适用范围

适用于高分子层面卷材采用梯形缺口或割口试件的撕裂性能测定。

（2）试验设备

拉伸试验机与沥青卷材撕裂性能要求一致。裁取试件的模板尺寸见图 10-17。

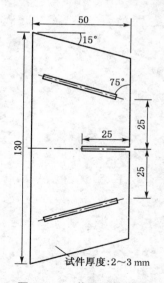

图 10-17　裁取试件模板

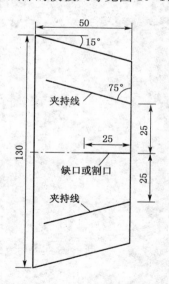

图 10-18　试样形状和尺寸

（3）试验试样

试样形状和尺寸如图 10-18，α 角的精度在 1°。卷材纵向和横向分别用模板裁取 5 个带缺口或割口的试件。在每个试件上的夹持线位置做好记号。

试验前试件应在（23±2）℃ 和相对湿度（50±5）％ 的条件下放置至少 20 h。

（4）试验步骤

试件应紧紧地夹在拉伸试验机的夹具中，注意使夹持线沿着夹具的边缘。记录每个试件的最大拉力。

（5）结果计算与评定

每个试件的最大拉力用"N"表示。舍去试件从拉伸试验机夹具中滑移超过定值的结果，用备用件重新试验。计算每个方向的拉力算术平均值（F_L 和 F_T），用"N"表示，结果精确到 1 N。每个方向的算术平均值均符合标准即可判为该项符合要求。

课后思考题

1. 在沥青各项性能试验中，为什么要严格控制温度等试验条件？

2. 针入度仪和黏度计分别用于测定沥青的何种指标？影响针入度测定准确性的因素有哪些？

3. 延度的大小反映了沥青的何种性质？延度仪的拉伸速度对测试结果有何影响？

4. 沥青软化点试验中所用的液体为何有水和甘油之分？

5. 为何马歇尔试件成型时，试模及套管需要预热？

6. 除了进行标准马歇尔稳定度试验外，常常还进行浸水马歇尔稳定度试验和真空饱水马歇尔试验，其目的是什么？

沥青试验报告

组别＿＿＿＿＿＿＿＿＿＿＿　　同组试验者＿＿＿＿＿＿＿＿＿＿＿

日期＿＿＿＿＿＿＿＿＿＿＿　　指导老师＿＿＿＿＿＿＿＿＿＿＿

一、试验目的

二、试验记录与计算

1. 针入度测定

试验次数	水温(℃)	针入度(1/10 mm)	针入度平均值(1/10 mm)
1			
2			
3			

注:试样品种＿＿＿＿＿＿＿＿＿＿,实验室温度＿＿＿＿＿＿

2. 延度测定

试验标号	水温(℃)	延度(mm)	延度平均值(mm)
1			
2			
3			

注:实验室温度＿＿＿＿＿＿,实验室湿度＿＿＿＿＿＿,试验拉伸速度＿＿＿＿＿＿

3. 软化点测定

软化点(℃)	第一环	
	第二环	
	平均值	

注:杯内液体种类、名称＿＿＿＿＿＿＿＿＿＿,测定方法＿＿＿＿＿＿

三、分析与讨论

参 考 文 献

[1] 白宪臣. 土木工程材料实验[M]. 北京:中国建筑工业出版社,2009

[2] 宋岩丽,王社欣,周仲景. 建筑材料与检测[M]. 北京:人民交通出版社,2007

[3] 杨茂森,殷凡勤,周明月. 建筑材料质量检测[M]. 北京:中国计划出版社,2000

[4] 《钢筋混凝土用钢　第1部分:热轧光圆钢筋》(GB 1499.1—2008)

[5] 《钢筋混凝土用钢　第2部分:热轧带肋钢筋》(GB 1499.2—2007)

[6] 《普通混凝土长期性能和耐久性能试验方法标准》(GB/T 50082—2009)

[7] 《普通混凝土拌合物性能试验方法标准》(GB/T 50080—2002)

[8] 《建筑砂浆基本性能试验方法标准》(JGJ 70—2009)

[9] 《烧结普通砖》(GB 5101—2003)

[10] 《陶瓷砖试验方法　第3部分:吸水率、显气孔率、表观相对密度和容重的测定》(GB/T 3810.3—2006)

[11] 《公路沥青及沥青混合料试验规程》(JTGE 20—2011)